**자연은 위대한 스승이다**

# 자연은 위대한 스승이다

지은이_ 이인식

1판 1쇄 발행_ 2012. 5. 29.
1판 9쇄 발행_ 2020. 12. 28.

발행처_ 김영사
발행인_ 고세규

등록번호_ 제406-2003-036호
등록일자_ 1979. 5. 17.

경기도 파주시 문발로 197(문발동) 우편번호 10881
마케팅부 031)955-3100, 편집부 031)955-3200, 팩시밀리 031)955-3111

값은 뒤표지에 있습니다.
ISBN 978-89-349-5789-8  03500

홈페이지 www.gimmyoung.com    블로그 blog.naver.com/gybook
페이스북 facebook.com/gybooks 이메일 bestbook@gimmyoung.com

좋은 독자가 좋은 책을 만듭니다.
김영사는 독자 여러분의 의견에 항상 귀 기울이고 있습니다.

# 자연은 위대한 스승이다

nature,

the

great mentor

이인식

지식융합연구소장

김영사

# 자연중심 기술이 희망이다

자연은 위대한 발명가이다. 지구상의 생물은 38억 년에 걸친 자연의 연구 개발 과정에서 갖가지 시행착오를 슬기롭게 극복하여 살아남은 존재들이다. 21세기 초반부터 이러한 생물의 구조와 기능을 연구하여 경제적 효율성이 뛰어난 물질을 창조하려는 과학기술이 주목을 받기 시작했다. 이 신생 분야는 생물체로부터 영감을 얻어 문제를 해결하려는 '생물영감bioinspiration'과 생물을 본뜨는 기술인 '생물모방biomimicry'이다.

생물영감과 생물모방은 자연 전체가 연구 대상이 되므로 그 범위는 가늠하기 어려울 정도로 깊고 넓다. 이를 테면 생명공학, 생태학, 나노기술, 재료공학, 로봇공학, 인공 지능, 인공생명, 신경 공학, 집단지능, 건축학, 에너지 등 첨단 과학기술의 핵심 분야가 거의 망라되어 있다.

생물에서 영감을 얻고, 또 생물을 본뜨는 연구야말로 모든 과학기술을 융합하는 분야임에 틀림없다. 그동안 다양한 과학기술을 융합하는 글쓰기에 전념해온 나로서는 이 신생 분야를 국내 독자에게 서둘러 소개해야 한다는 의무감을 떨쳐버릴 수 없었다. 무엇보다 먼저 생물영감과 생물모방을 아우르는 용어가 해외에서도 아직 나타나지 않아 '자연중심 기술'이라는 낱말을 만들어 이 책에서 사용하였음을 밝혀둔다.

자연중심 기술이 각광을 받게 된 또 다른 이유는 파란 행성 지구의 환경 위기를 해결하는 참신한 접근방법으로 여겨지기 때문이다. 자연을 스승으로 삼고 인류 사회의 지속 가능한 발전의 해법을 모색하는 자연중심 기술은 녹색기술의 한계를 보완할 가능성이 커 보인다. 녹색기술은 환경 오염이 발생한 뒤의 사후 처리적 대응의 측면이 강한 반면에 자연중심 기술은 환경 오염 물질의 발생을 사전에 원천적으로 억제하려는 기술이기 때문이다. 따라서 자연중심 기술이 발전하면 녹색경제의 대안으로 '청색경제blue economy' 시대가 개막될 가능성이 높은 것으로 전망된다.

2010년 6월 청색경제 이론가인 군터 파울리는 10년 뒤인 2020년까지 자연의 100대 혁신기술로 1억 개의 청색 일자리가 창출되는 사례의 밑그림을 발표하였다. 이 100가지 사례들을 통해 자연의 창조성과 적응력을 활용하는 청색경제가 높은 수익과 부가가치를 보장할 뿐만 아니라 고용 창출 측면에서도 매우 인상적인 규모의 잠재력을 갖고 있음을 확인할 수 있다. 이런 맥락에서 자연중심 기술을 '청색기술blue technology'이라는 새로운 이름으로 불러도 좋을 것 같다는 제안을 하고 싶다.

＊

　자연중심 혁신기술의 거의 모든 것을 누구나 알기 쉽고 흥미롭게 담아내기 위하여 마련된 이 책은 총 2부 8장으로 구성되어 있다.

　1부에서는 인류 역사를 통틀어 자연중심 기술로 여겨질 만한 사례를 되짚어보고, 생물영감과 생물모방이 독립된 연구 분야로 자리 잡게 되는 배경과 의미를 살펴본다. 1장은 이카로스의 후예들이 자연의 지혜를 빌려 창조한 역사적 발명품을 소개한다. 2장은 자연중심 기술의 개념과 의미를 생물영감과 생물모방, 청색경제, 환경 윤리의 측면에서 각각 분석한다.

　2부는 자연으로부터 배울 것이 너무 많다는 사실을 여실히 보여준다. 6장에 걸쳐 자연중심 혁신기술이 과학기술의 여러 부문에서 가능성을 보여준 연구 성과가 집대성되어 있다. 1장에는 자연을 모방하여 개발한 물질이 거의 망라되어 있다고 해도 과언이 아닐 것 같다. 특히 나노기술이 청색기술 발전의 지렛대 역할을 하고 있음을 확인할 수 있다. 2장은 로봇공학 분야에서 사람, 동물, 식물, 박테리아, 분자 모터를 모방하는 연구 동향을 각각 소개한다. 3장은 인체의 부품을 교체 또는 보완하는 기술, 예컨대 인공 장기, 신경 보철, 뇌-기계 인터페이스, 조직공학을 다룬다. 4장에서는 인공생명 분야가 자연중심 기술에 포함되는 이유를 자연선택 모방 소프트웨어로 설명한다. 5장은 집단지능, 특히 떼지능이 자연중심 기술의 핵심 분야로 부각되고 있는 사례를 소개한다. 끝으로 6장은 자연의 지혜를 빌려 세운 건물과 생태도시를 통해 청색기술이 청색 행성 지구의 환경 문제 해결에 결정적인 기여를 하고 있음을 보여준다.

이 책은 여러분의 도움과 격려로 세상에 태어났다. 각별한 관심과 후원으로 멋진 책을 만들어준 김영사의 박은주 사장과 편집부원 여러분에게 감사의 말씀을 드린다. 나의 저술 활동을 무조건 성원하는 아내 안젤라, 큰아들 원과 며느리 재희, 둘째 진에게 고마움의 뜻을 전하고 싶다.

2012년 5월 9일
서울 역삼아이파크에서
이인식 李仁植

PART 2

**PART**

**1**

자 연 의
지 혜 를
배 운 다

nature,

the

great mentor

NATURE, THE GREAT MENTOR

# 1

## 자연을 본뜬
## 위대한 발명

전화기, 수정궁, 벨크로. 인류의 역사에 위대한 발명으로 기록되는 이들의 공통점은 무엇일까? 전화기는 사람의 귀를 모방했으며, 19세기 최고의 건축물로 손꼽히는 수정궁은 수련의 잎에서 영감을 얻어 설계되었고, 벨크로는 도꼬마리 씨앗에 달린 갈고리 모양의 가시를 흉내낸 것이다. 이들은 모두 자연으로부터 배워 창조된 발명품이다. 이처럼 자연은 인류가 풀지 못한 문제에 대해 이미 그 답을 알고 있다.

이카로스는 하늘을 날고 싶은 꿈을 이루지 못했지만 그 후예들이 비행기를 발명하여 창공을 누비고 있는 것처럼 인류는 자연의 지혜를 빌려, 가령 무대 위에서 포도주를 마시는 기계오리를 만들고 템스강 밑에 세계 최초의 굴을 뚫기도 했다.

# 생물모방의 상징
# 벨크로

1941년쯤 어느 날 스위스의 전기기술자인 조르주 드 메스트랄George de Mestral, 1907~1990은 개를 데리고 들에 산책을 나갔는데, 도꼬마리 씨앗이 자신의 바지와 개의 털에 달라붙는 것을 보고 집으로 돌아와 현미경으로 도꼬마리를 자세히 관찰했다.

국화과에 속하는 한해살이풀인 도꼬마리는 들이나 길가에서 자라며, 높이 1미터 정도의 줄기에 거센 털이 나 있다. 삼각 모양의 잎이 어긋나며, 잎 가장자리에는 큰 톱니들이 고르지 않게 나 있다. 열매는 대추씨처럼 생겼으며, 겉에 달린 갈고리 모양의 가시가 동물의 몸에 달라붙어 열매가 멀리 퍼진다.

1948년 메스트랄은 도꼬마리 씨앗에 수없이 많이 달린 갈고리를 본떠서 벨크로Velcro를 발명했다. 벨크로는 프랑스어의 벨루어velour와 크로셰crochet를 합성한 단어이다. 벨루어는 벨벳velvet이라는 뜻으로 부드러운 고리를 나타내며, 크로셰는 작은 고리라는 뜻으로 갈고리를 나타낸다. 요컨대 벨크로는 두 장의 천으로 이루어진 갈고리-고리 여미개fastner이다.

벨크로는 한 면에 도꼬마리 씨앗을 본뜬 갈고리들이 달려 있고, 다른 면에는 걸림고리들이 달려 있어 꺼끌한 쪽과 부드러운 쪽을 붙여 떨어지지 않게 하는 접착 장치이다.

1951년 메스트랄은 벨크로의 특허를 출원했으며, 1955년부터 판매하기 시작했다. 처음에는 면직물로 만들어서 쉽게 망가졌기 때문에 나중에는 나일론으로 다시 만들어 오래 쓸 수 있게 되었다.

옷, 신발, 가방, 장갑에서 두 짝을 한데 붙였다 떼었다 할 수 있는 부분에 벨크로를 박음질해 달면 잘 떨어지지 않게 여밀 수 있어 단추나 지퍼 대신에 널리 사용된다. 벨크로는 붙였다가 뗄 때 "찌-지-직" 하는 소리가 나서 '찍찍이'라고 불리기도 한다.

벨크로는 상업적으로 대단한 성공을 거두었다. 생물을 본떠 발명한 제품 중에서 가장 많이 팔려 생물모방의 상징이 되었다.

◆ 벨크로(오른쪽)는 도꼬마리 씨앗(가운데)의 갈고리-고리 특성(왼쪽)을 모방하여 만든 여미개이다.

# 장수말벌이 가르쳐준
# 제지 기술

1719년경 프랑스의 저명한 곤충학자인 르네 앙투안 레오뮈르René-Antoine Réaumur, 1683~1757는 장수말벌이 집을 짓는 것을 지켜보고 나무로 종이를 만들 수 있다는 생각을 떠올렸다.

종이를 뜻하는 영어 페이퍼paper는 고대 이집트의 나일강 삼각주에서 자라던 갈대 파피루스에서 유래했다. 기원전 3500년경 파피루스 줄기의 껍질을 벗겨내고 부드러운 속을 가늘게 잘라 물을 먹인 뒤 편평하게 펴면 일종의 종이가 만들어졌다.

오늘날의 종이와 비슷한 것은 서기 105년 중국의 채륜蔡倫이 처음으로 만들었다. 채륜은 뽕나무 껍질, 솜이나 넝마 따위를 삶은 뒤 잘게 썬 다음 물에 풀어서 죽 같은 펄프를 만들었다. 펄프를 대나무로 만든 편평한 체 위에서 흔들어 두께가 균일하도록 편 다음 햇볕에 말리면 종이가 만들어졌다.

18세기까지 넝마가 종이의 주요 원료로 사용되었으나 종이 사용량이 급증함에 따라 원료를 제대로 공급하지 못하는 문제가 발생했다. 영국에서는 넝마를 종이 원료로 확보하기 위해서 법률을 제정하

◆ 장수말벌

여 사람이 죽으면 양털로 매장하도록 할 정도였다.

이런 상황에서 레오뮈르는 장수말벌이 집을 짓기 위해 나뭇조각을 씹은 다음 침을 섞어 펄프를 만들어내는 것을 관찰하고, 다음과 같이 나무로 종이를 만들 것을 제안했다.

미국 장수말벌은 인간들처럼 매우 훌륭한 종이를 만들어낸다. 이 곤충은 그들이 살고 있는 지역에서 흔히 볼 수 있는 나무에서 섬유질을 추출한다. 장수말벌은 우리에게 넝마와 아마포를 사용하지 않고도 식물의 섬유질로 종이를 만들 수 있다고 가르쳐준다. 우리가 종이를 만드는 데 사용하는 넝마는 경제적인 재료가 아닐 뿐만 아니라 갈수록 구하기도 힘들어지고 있다. 종이의 소비량은 날마다 증가하는 반면에, 아마포의 생산량은 거의 똑같은 수준에 머물러 있다는 사실을 강조하고 싶다.

레오뮈르 자신은 종이를 제작하지 않았다. 하지만 19세기 중반에 이르러 여러 과학자들의 노력으로 오늘날처럼 나무 부스러기로부터 펄프를 얻는 방법이 발견되었다.

인류는 장수말벌 덕분에 나무 펄프로 종이를 대량 생산하게 되었지만, 종이의 수요 증가에 따른 삼림의 대량 벌목으로 생태계가 훼손되고 있는 실정이다.

# 기계오리가
# 포도주를 마신다

1739년 프랑스 파리의 루이 15세 궁정에서는 오리처럼 생긴 기계 장치를 놓고 귀족들 사이에서 생명의 의미에 대해 갑론을박이 전개되었다. 이 기계는 자크 드 보캉송Jacques de Vaucanson, 1709~1782이 만든 로봇이다.

동서양의 거의 모든 분야에서 이 오리처럼 스스로 움직이는 자동 장치를 만들어 사용한 흔적을 발견할 수 있다. 6세기 후반 중국에는 술 따르는 로봇이 있었다. 이 로봇은 춤을 잘 추고 수염이 덥수룩했는데, 임금이 잔치를 벌이다가 손님에게 술을 권하고 싶으면 이 로봇에게 지시를 내렸다. 로봇은 술잔을 손에 들고 손님에게 공손히 절을 하며 술잔을 올렸다고 한다. 18세기 유럽의 모든 대도시에서는 사람, 코끼리 또는 공작새를 닮게 설계한 자동 기계가 눈에 띄었다. 이러한 자동 기계의 걸작이 보캉송의 기계오리이다.

보캉송은 여러 종류의 자동 인형을 만든 천재였다. 1738년 플루트를 연주하는 자동 인형을 파리 중심가의 호텔에 전시하여 엄청난 성공을 거두었다. 나무로 만든 높이 1.7미터의 이 인형은 태엽을 감으면 사람처럼 플루트를 불었다. 1739년에는 두 개의 자동 기계를 추가로 전시했다. 하나는 한쪽 손이 북을 치는 동안 다른 손으로 피리를 연주하는 자동 인형이고, 다른 하나는 기계오리이다.

보캉송이 자연을 모방하는 방식으로 만들었다고 주장한 이 인공오리는 살아 있는 오리처럼 깃털을 고르고, 꽥꽥거리고, 곡식 낱알을 먹고, 물을 마시고, 뒤뚱거리고, 물속에서 첨벙대며 물장구를 칠 수 있었다고 한다. 무대 위에서 포도주를 석 잔까지 마시고 대변도 본다고 해서 프랑스 전국에서 구경꾼이 몰려올 만큼 파리의 대단한 구경거리였다는 기록도 있다.

그러나 불행히도 기계오리 그 자체는 물론이고 오리의 제작도면조차 남아 있지 않다. 다만 날갯죽지 하나가 400개 이상의 부품으로 만들어졌으며, 한번 파손되면 정상으로 회복시키는 데 4년 이상이 걸렸다고 한다.

◆ 자크 드 보캉송의 기계오리

◆ 보캉송의 책에 실린 자동 인형의 판화(왼쪽부터 피리와 북 연주자, 기계오리, 플루트 연주자)

# 이카로스의 꿈이
# 이루어지다

인간 최초의 비행 기록을 세운 사람은 프랑스의 조제프 몽골피에 Joseph Montgolfier, 1740~1810와 자크 몽골피에 Jacques Montgolfier, 1745~1799 이다.

1783년 9월 베르사유궁전의 정원에서 루이 16세 등 13만 명이 지켜보는 가운데, 몽골피에 형제는 양털 뭉치, 낡은 신발, 동물 사체를 태워서 자신들이 만든 열기구에 뜨거운 공기를 불어넣었다. 11분 뒤에 비단으로 만든 파란 풍선이 하늘 높이 떠올랐다. 풍선 밑에 매달린 승객용 바구니에는 양, 수탉, 오리가 각각 한 마리씩 타고 있었다. 이 풍선은 8분 동안 하늘을 난 뒤 안전하게 착륙했다.

같은 해 11월 몽골피에 형제는 풍선을 타고 고도 26미터의 파리 상공에서 25분간 12킬로미터를 비행하는 데 성공했다. 처음으로 사람이 하늘을 비행하는 순간이었다. 마침내 이카로스Icaros의 꿈이 실현된 것이다.

이카로스는 아테네에서 가장 뛰어난 기술자였던 다이달로스Daedalos의 아들이다. 신화에 나오는 이야기이긴 하지만, 다이달로스

◆ 1783년 몽골피에 형제는 대중 앞에서 열기구를 선보였다.

는 처음으로 날개를 만든 항공공학자이다. 그는 미노스 왕이 다스리
던 크레타섬에 살면서 이카로스를 낳았으며, 미노스의 명령에 따라
지하에 미궁(라비린토스)을 건설했다. 그러나 다이달로스와 이카로스
는 미노스의 노여움을 사게 되어 미궁에 갇히고 만다.

　다이달로스는 미궁을 탈출하기 위해 깃털을 밀랍으로 붙여 날개
를 네 짝이나 만들었다. 두 사람은 가죽끈을 이용해서 한 쌍의 날개

◆ 다이달로스와 이카로스 부자는 날개를 달고 날았으나, 이카로스는 날개의 밀랍이 녹아 추락하여 죽는다.

를 각자의 팔과 어깨에 매달았다. 다이달로스는 아들에게 "너무 낮게 날면 깃털이 파도에 젖게 되고, 너무 높게 날면 밀랍이 태양열에 녹게 된다"고 일러주었다. 하지만 이카로스는 아버지의 경고에도 불구하고 자꾸만 하늘 높이 올라가 태양을 향해 다가갔다. 마침내 이카로스의 날개는 태양열에 밀랍이 녹아 깃털들이 허공에서 흩어지기 시작했다. 날개가 사라진 이카로스는 바다로 추락하여 숨을 거두었다. 이는 비행 역사상 최초로 발생한 인명사고인 셈이다.

다이달로스처럼 하늘을 나는 기계를 꿈꾼 사람들은 이카로스처럼 목숨을 잃었다. 중세 유럽에서는 새의 날개를 본떠 만든 옷을 입거나 널찍한 외투를 걸치고 탑에서 떨어져 죽은 사람들이 적지 않았다.

비행에 대한 꿈을 과학적으로 실현하려고 시도한 최초의 인물은 르네상스 시대 이탈리아의 화가인 레오나르도 다 빈치 Leonardo da Vinci, 1452~1519 이다. 그는 새의 날개와 꼬리 모습을 본떠 그린 비행기 설계도를 100여 개나 남겼다. 그의 헬리콥터 설계도는 훗날 실제로 구현되었다.

1889년 독일의 오토 릴리엔탈 Otto Lilienthal, 1848~1896 은 동생과 함께 황새의 비상을 관찰한 끝에 원시적인 날개 기구를 만들었다. 버드나무 줄기와 목화나무 섬유질을 이용하여 약간 둥근 날개를 단 비행기를 만든 것이다. 다름 아닌 글라이더였다. 릴리엔탈은 베를린의 한 언덕에서 도약하여 처음으로 하늘을 나는 데 성공했다. 그는 2,000회 이상 비행했으나 1896년 글라이더를 타고 비행하던 중에 추락하여 목숨을 잃었다.

◆ 오토 릴리엔탈은 글라이더를 만들어 하늘을 나는 데 성공했다.

최초의 동력 비행에 성공한 사람은 미국의 윌버 라이트Wilbur Wright, 1867~1912와 오빌 라이트Orville Wright, 1871~1948이다. 라이트 형제는 최초로 유인 동력 비행체의 제작에 성공한 것이다. 1903년 12월 17일 목요일 오전 10시 35분, 미국 노스캐롤라이나주의 키티호크 언덕에서 라이트 형제가 만든 무게 300킬로그램의 동력 비행기가 조종석에 동생인 오빌을 태우고 59초 동안 36미터 상공에서 250미터를 무사히 비행했다.

# 박쥐와
# 초음파

박쥐는 어두컴컴한 동굴 속에서 부딪히지 않고 날아다니며 먹이를 잡아먹는다. 18세기 이탈리아 생물학자인 라차로 스팔란차니 Lazzaro Spallanzani, 1729~1799 는 박쥐를 대상으로 실험을 했다. 그는 빛이 전혀 없는 깜깜한 방 안에 0.1밀리미터 굵기의 철사를 둘러치고 박쥐를 풀어놓았는데, 박쥐는 아무렇지 않게 철사를 피해서 날아다녔을 뿐만 아니라 멀리 떨어진 곳에서 날고 있는 나방을 정확히 낚아챘다.

1794년 스팔란차니는 박쥐가 깜깜한 어둠 속에서 날아다닐 수 있는 능력이 박쥐의 귀를 막으면 현저히 저하된다는 것을 밝혀냈다. 다시 말해 박쥐는 시각(눈)이 아니라 청각(귀)에 의해 어둠 속의 물체를 구별하는 것으로 나타났다.

이런 사실이 뒤늦게 밝혀진 까닭은 박쥐가 듣는 소리를 사람이 들을 수 없기 때문이었다. 사람은 보통 진동수가 16~20,000헤르츠(Hz) 사이의 소리를 들을 수 있지만 20,000헤르츠 이상의 음파, 곧 초음파는 귀로 들을 수 없다.

박쥐는 콧구멍에서 나오는 초음파를 발사하여 초음파가 물체에 부딪히면서 생기는 진동이 자신에게 되돌아올 때 진동의 세기에 따라 물체의 구성 물질을, 초음파가 되돌아오는 시간으로 물체와의 거리를 알아낸다. 이처럼 박쥐가 자신이 발사한 초음파의 반사를 잡아서 물체의 존재를 측정하는 능력을 반향정위echolocation라 한다.

반향정위라는 용어는 미국의 동물행동학자인 도널드 그리핀Donald Griffin, 1915~2003이 처음 만들었다. 그리핀은 1938년 박쥐의 반향정위 연구를 시작해서 1944년 이론을 체계화했다.

초음파를 이용하는 기술이 다양하게 개발되었다. 물속의 물체를 탐지하는 수중초음파기기는 초음파를 발사하여 목표 물체에 반사되어 돌아오는 시간을 측정함으로써 바다 밑의 상태, 난파선이나 물고기떼의 위치를 파악한다.

초음파는 의료 분야에서 널리 활용된다. 신체의 특정 부위로 보낸 초음파가 반사되어 오는 것을 포착하여 화면에 동화상으로 나타낼 수 있기 때문에 신체 내부를 볼 수 있다. 초음파검사법으로 임신 중에 태아의 상태를 파악할 수 있으며 심장, 간, 쓸개, 유방 따위의 상태를 진단할 수 있다. 초음파검사로 체세포보다 딱딱한 조직의 유무를 파악할 수 있으므로 갑상선종양이나 유방암 등의 진단에 효과적이다.

◆ 박쥐

# 좀조개와
# 템스터널

1843년 3월 영국 런던은 흥분의 도가니였다. 나룻배로 왕래하던 템스강 아래를 지나는 터널을 뚫는 데 성공했기 때문이다. 세계 최초의 수중터널을 구경하기 위해 사람들이 벌떼처럼 몰려들었으며, 빅토리아 여왕도 행차를 할 정도였다.

템스터널을 건설한 사람은 프랑스 출신의 영국 기술자인 마크 브루넬Marc Isambard Brunel, 1769~1849이다. 19세기 초에는 강 밑으로 굴을 뚫어본 경험이 전무했고, 자금과 기술인력이 충분하지 않아 여간 어려운 토목공사가 아니었다.

1815년 브루넬은 부두를 지나다가 우연히 배좀벌레조개(좀조개)가 구멍을 뚫어놓은 나뭇조각을 보고 굴을 효과적으로 뚫는 기술을 생각해냈다. 좀조개는 부두의 말뚝이나 목조선의 재료처럼 바닷물에 잠겨 있는 단단한 나무속을 갉아먹으며 매끈하게 구멍을 뚫는 조개이다.

이 악명 높은 쌍각류 연체동물은 두 개의 껍데기로 몸을 보호하는데, 껍데기가 맞붙은 부위는 가장자리가 톱니처럼 되어 있다. 구멍

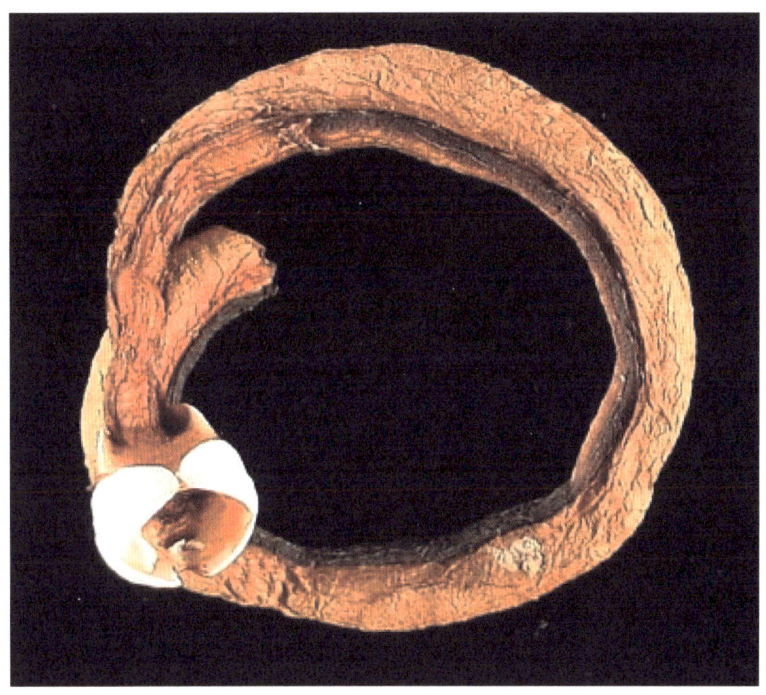

◆ 좀조개

을 파기 시작할 때에는 빨판과 비슷한 발로 몸을 나무에 단단히 고정시킨다. 그 다음에는 강판과 비슷한 껍데기 가장자리를 나무에 대고 전후좌우로 춤을 추듯이 회전하면서 나무속을 갉아낸다. 좀조개는 흡입기관을 통해 깎여진 나무가루를 몸속으로 빨아들여서 소화하여 영양분을 섭취한다. 이어서 좀조개는 일종의 강화제인 액체를 뿜어내 새로 파낸 굴의 벽에 발라서 단단하게 굳어지게 하여 굴이 무너지지 않도록 한다.

　브루넬은 좀조개가 자신의 껍데기를 이용하여 나무에 파고들어 톱밥을 뒤로 밀어내는 것을 관찰하고 영감을 얻어 터널을 파는 굴착

◆ 19세기 중반 템스터널의 내부

기계를 발명했다.

수세기 동안 강 아래 터널 건설은 진흙과 물이 스며들어 선진도갱
先進導坑, 곧 터널 공사를 위해 맨 처음 판 갱이 무너지는 문제를 해결
하지 못했다.

1818년 브루넬은 좀조개에서 얻은 아이디어로 터널링 실드tunnelling
shield를 만들어 특허를 냈다. 터널링 실드는 강 아래나 지하수층이
있는 연약지반에 터널을 팔 때 사용하는 토목기계이다. 브루넬은 갱
부가 거대한 나사 잭jack을 이용하여 연약지반을 앞으로 밀고 나가면
서 전면의 빈지문을 통해 땅을 파는 철제 보호 장치를 제작한 것이
다. 빈지문은 널빈지로 된 문으로, 널빈지는 한 짝씩 끼웠다 떼었다

◆ 현재 템스터널 내부의 모습

하게 만들어진 문을 의미한다. 가게 앞에 문 대신 흔히 쓰이는 것이 널빈지이다.

평면이 직사각형인 브루넬의 실드가 없었더라면 템스터널을 뚫는 데 더 많은 시간과 인력이 소요되었을 것이다. 공사는 19년(1825~1843)이 걸렸다. 수면 아래 23미터 깊이에 있는 템스터널은 기차는 물론 사람도 왕래하는 런던의 명물이다.

# 귀를 본떠
# 전화기를 만들다

1861년 10월 독일의 물리학 교사인 요한 필리프 라이스Johann Philipp Reis, 1834~1874가 물리학회에서 전화기를 처음 선보였을 때 큰 관심을 끌지 못했으며 구입하려는 사람도 아주 드물었다. 하지만 라이스는 끊임없이 전화기의 기능을 보완하고 개선했다.

당시 독일의 황제는 신기술의 후원자였다. 1863년 가을 독일 황제는 기능이 향상된 라이스의 전화기를 왕궁에 설치하도록 했다. 그는 어디에서든 통화가 가능하도록 화장실에도 전화기 한 대를 비치하게끔 지시했다.

라이스는 학생들에게 사람 귀의 기능을 가르치기 위해 나무로 인공 귀를 만들었다. 사람의 귀는 귓바퀴가 소리를 모아 고막으로 보낸다. 소리의 진동이 고막을 두드리면 청소골聽小骨이 가볍게 흔들린다. 청소골은 귀 안으로 들어오면서 약해진 소리의 진동을 증폭시키는 역할을 한다.

라이스는 먼저 보리수나무를 깎아 귓바퀴를 만들었다. 돼지 창자로 고막처럼 얇은 막을 만들고, 백금 조각으로 청소골도 만들었다. 얇은 막에 백금 조각을 붙여서 나무 귓바퀴 안에 집어넣어 인공 귀를 완성한 것이다.

라이스는 나무로 만든 인공 귀를 이용하여 학생들에게 음파가 전류로 바뀌는 것을 보여주고 싶었다. 그는 인공 귀처럼 나무로 송화기와 수화기를 만들어서 전지에 연결시켰다. 송화기에 대고 소리를 내자 수화기의 얇은 막이 가늘게 떨리면서 백금 청소골의 접촉부가 움직였다. 이 접촉부가 열렸다 닫혔다 하면서 전기의 회로도 끊김과

◆ 1861년 필리프 라이스가 자신이 제작한 전화기로 최초의 통화를 시도하고 있다.

이어짐을 반복했다.

드디어 라이스는 말의 음향학적 떨림을 전기 신호로 바꾸었다가, 그 전기 신호를 다시 사람들이 들을 수 있는 말로 바꾸는 데 성공한 것이다. 그는 이처럼 '먼 거리에 소리를 보내는 장비'를 발명하고 그리스어로 '먼 거리tele'와 '소리phone'라는 뜻의 단어를 합성해서 텔레폰telephone이라고 명명했다.

최초의 전화 통화는 옆 교실의 동료 교사와 이루어졌다. 그에게 송화기에 대고 머릿속에 떠오르는 아무 말이나 해보라고 부탁했다. "말은 오이 샐러드를 먹나?"라는 말이 수화기로 들려왔다. 라이스는 처음 세 단어만 이해했지만, 실험은 성공이었다.

20대 후반에 전화기를 발명한 라이스는 더 이상 기능을 발전시키지 못하고, 1874년 40세에 폐결핵으로 요절하고 말았다. 그가 죽고 나서 곧바로 실용적인 전화기가 출현했다.

1876년 2월 미국의 알렉산더 그레이엄 벨Alexander Graham Bell, 1847~1922은 전화기에 대한 특허를 출원했다. 공교롭게도 같은 날 비슷한 내용의 특허가 두 건 접수되었는데, 벨의 신청이 두 시간 빨랐다. 그로부터 10여 년에 걸친 특허재판 끝에 마침내 벨이 전화의 발명자로 인정되었다.

벨은 본래 농아 교사였다. 라이스처럼 자신이 가르치는 학생들을 위해 말을 글자로 바꾸는 실험을 한 끝에 전화기를 발명하게 된 것이다.

◆ 1892년 알렉산더 그레이엄 벨이 뉴욕과 시카고 사이에 개설된 최초의 전화선을 시험하고
있다.

# 수련과
# 수정궁

1851년 5월 1일, 영국 런던에서 만국박람회가 열렸다. 19세기 중반까지는 나라마다 공업제품 전시회가 열렸으나, 영국 왕실에서 국경을 초월하여 여러 나라가 참가하는 최초의 박람회를 개최한 것이다.

박람회가 열린 141일 동안 관람객은 600만 명을 넘었으며 빅토리아 여왕도 열다섯 번이나 박람회장을 다녀갔다. 가장 붐빈 날에는 박람회가 열린 수정궁Crystal Palace 안에 9만 명의 관람객이 몰렸지만 전시장 건물의 안전에 관해 걱정하는 사람은 아무도 없었다. 수정궁은 가로 122미터, 세로 547미터로 약 2만 평이나 되는 땅에 세워진 조립식 건물이었다. 엄청난 양의 철과 유리가 사용되었지만 규격화된 재료를 채택한 덕분에 건설하는 데 든 시간은 고작 17주였다.

수정궁을 설계한 조지프 팩스턴Joseph Paxton, 1803~1865은 젊었을 때 정원사로 일했다. 남아메리카에서 씨앗을 가져온 열대 수련睡蓮의 꽃을 피워서 빅토리아 여왕의 이름을 붙여 여왕에게 선물로 바치기도 했다.

◆ 수련

　이 수련은 잎의 지름이 1미터 50센티미터~1미터 80센티미터나 되었는데, 어린아이를 잎 위에 올려놓아도 수련의 잎과 줄기가 그 무게를 받쳐줄 정도였다. 팩스턴은 수련의 잎이 그렇게 튼튼한 이유는 둥근 지붕의 서까래처럼 서로 연결되어 있는 엽맥葉脈 때문이라는 사실을 알아내서 이를 건물 설계에 응용했다.

　팩스턴은 수련의 잎을 본떠서 금속 들보와 기둥이 유리 지붕을 받쳐주는 80평짜리 온실을 지었다. 1850년 7월에는 온실 지붕처럼 유리로 넓은 면적을 덮는 기술, 곧 '산등성이와 골짜기ridge and valley' 기술의 특허를 출원했다. 이 독특한 지붕 기술로부터 수정궁의 설계 개념이 나온 것이다.

　1850년 팩스턴은 수정궁의 지붕을 산등성이와 골짜기 모양으로 설계했다. 이렇게 만든 지붕은 보기도 좋고 배수도 잘 되었으며, 모든 재료를 표준화시킬 수 있었으므로 공사하기도 수월했다.

◆ 1851년 런던 만국박람회가 열린 수정궁

　공학에 예술을 융합한 건물로 평가받은 수정궁은 만국박람회를 성공적으로 마치고, 1852년 여름에 해체되어 교외로 옮겨져 다시 조립되었다. 1866년 화재로 일부가 소실되었고, 1936년 다시 화재로 완전히 타버리고 말았다.

　팩스턴은 제대로 정규 교육을 받지 못했던 탓에 당대의 건축가들로부터 무시를 당하기 일쑤였다. 그러나 수정궁은 가장 위대한 공공 건물의 하나로 인정받고 있으며, 수정궁이 건축과 공학에 끼친 영향은 오늘날까지도 지속되고 있다.

　미국의 공학 저술가인 헨리 페트로스키 Henry Petroski, 1942~ 는 1985년 펴낸 《인간과 공학 이야기 To Engineer Is Human》에서 다음과 같이 수정궁

◆ 빅토리아 여왕이 수정궁에서 만국박람회 개회를 선언하고 있다.

을 평가하고 있다.

　　팩스턴의 수정궁은 19세기 중반의 런던과 전 세계의 마음을 사로
잡았으며, 그 뒤로도 수정궁만큼 주목을 끈 건물은 거의 없다고 봐
도 무방하다. (……) 그가 설계한 온실이나 박람회장은 모두 전통
적 방법으로 만든 건축물이 아니었다. 간단히 말하자면 전통에 얽매
이지 않는 자유로운 정신을 지닌 팩스턴이 20세기 건축가와 공학자
를 위해 새로운 방향을 제시한 것이다. 수정궁은 처음으로 금속과
유리를 사용했으며, 표준 규격의 부품으로 만든 최초의 조립식 건물
이었다.

NATURE, THE GREAT MENTOR

# 2

자연중심적인
기술

인류는 자신이 지구에 사는 수많은 생물종의 하나일 따름이라는 사실을 곧잘 망각한다. 그래서 지구를 공유하는 다른 생물과 더불어 살아가기는커녕 생태계를 파괴하고 있는 실정이다.

21세기 초반부터 자연에서 영감을 얻거나 자연을 본뜨는 기술, 곧 자연중심 기술이 지구를 환경위기로부터 구해낼 수 있다고 확신하는 사람들이 등장했다. 이들은 지구의 환경위기가 인간이 자연보다 우월하다고 여기는 인간중심적 세계관에서 비롯되었다고 주장한다.

자연을 스승으로 삼고 자연의 원리를 채택하여 인류가 직면한 문제를 해결하려는 자연중심 기술은 녹색경제의 한계를 넘어 청색경제의 시대를 개막하게 될 가능성이 높다. 청색경제 이론가인 군터 파울리는 자연의 100대 혁신기술로 2020년까지 1억 개의 일자리가 생겨날 것이라고 주장한다.

# 생물영감과
# 생물모방

1917년 영국의 동물학자이자 수학자인 다르시 톰프슨D'Arcy Thompson, 1860~1948은 《성장과 형태On Growth and Form》를 펴냈다. 톰프슨은 20세기 최고의 명저 반열에 오른 이 책에서, 당대 최고의 석학답게 수려한 문장을 구사하며 생물의 성장과 형태를 체계적으로 설명했다.

미국의 생물학자인 스티븐 제이 굴드Stephen Jay Gould, 1941~2002는 1961년 출간된 이 책의 축약본에 붙인 서문에서, 서로 다른 분야인 인문학·수학·동물학을 융합한 고전이라고 극찬했다.

이 책에서 톰프슨은 자연의 물리적 힘이 생물의 형태, 이를테면 꿀벌의 세포, 식물의 싹, 빗방울 등 작은 것부터 잠자리의 날개, 숫양의 뿔, 공룡의 뼈대 등 큰 것까지 다양한 구조의 형성에 미치는 영향을 수학적 논리로 분석했다.

사람 뼈의 기계적 구조에 대한 설명이 빠질 리 없다. 가령 대퇴부에 얽힌 일화가 흥미롭게 소개되어 있다. 독일의 구조공학자인 카를 쿨만Karl Culmann, 1821~1881은 우연히 해부학자의 방에서 사람 대퇴골을

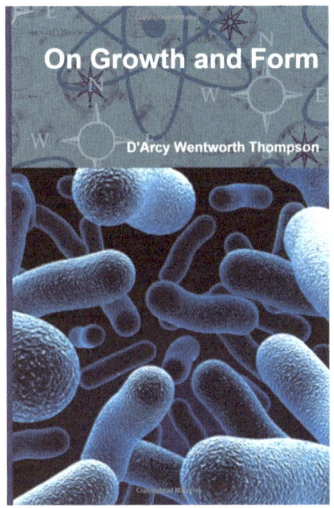

◆《성장과 형태》의 표지

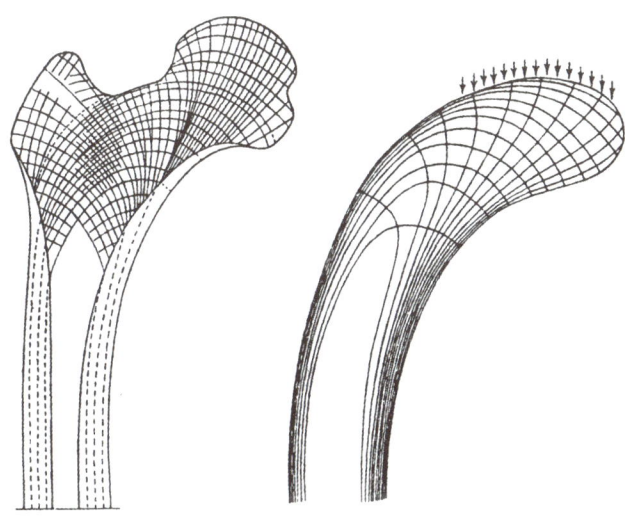

◆ 카를 쿨만이 사람 대퇴부 절단 구조(왼쪽)를 보고 설계한 기중기의 상단(오른쪽)

절단한 구조를 보고 그 자리에서 "저것이 나의 크레인(기중기)이다"라고 외쳤다. 1866년 쿨만은 대퇴골을 본떠서 기중기를 설계했다.

이 책에는 이처럼 생물체로부터 영감을 얻어 다양한 구조물을 만든 사례가 적지 않게 소개되어 있기 때문에, 톰프슨은 생물영감bioinspiration의 창시자로 여겨지기도 한다.

생물영감은 문자 그대로 생물체로부터 영감을 얻어 문제를 해결하려는 공학기술 분야이다. 바이오닉스, 바이오미메틱스, 바이오미미크리도 생물영감과 대동소이한 개념으로 사용된다.

바이오닉스bionics는 1958년 잭 스틸Jack Steele, 1924~2009이 만든 용어이다. 미국의 정신과 의사로서 공군 장교로 복무한 스틸은 생물의 기능을 복제하는 과학기술을 바이오닉스라고 명명했다. 1960년 9월 학술회의에서 공식적으로 처음 사용되었으나 훗날 개념이 엉뚱하게 바뀌었다. 1970년대에 과학소설에서 사람의 기능을 인위적으로 향상시키는 과학기술을 묘사하는 용어로 사용된 이후 바이오닉스는 생물모방과는 거리가 먼 단어가 되었다. 오늘날 바이오닉스는 생체전자공학의 의미로 쓰이고 있다.

생물모방학으로 번역되는 바이오미메틱스biomimetics는 1969년 오토 슈미트Otto Schmitt, 1913~1998가 만든 용어이다. 미국의 발명가인 슈미트는 생명을 의미하는 단어 bios와 모방을 뜻하는 단어 mimesis를 합쳐서, 자연의 구조와 기능을 연구하고 모방하는 분야를 바이오미메틱스라고 정의했다. 이 단어는 1974년 《웹스터 영어사전》에도 등재되었다.

생물모방의 뜻을 지닌 바이오미미크리biomimicry는 1982년부터 사용되긴 했으나 1997년 재닌 베니어스Janine Benyus, 1958~가 펴낸 《생물

◆ 재닌 베니어스

모방Biomimicry》이 주목을 받으면서 널리 사용되기 시작했다. 미국의 생물학 저술가인 베니어스는 이 책의 부제처럼, 생물모방을 '자연에서 영감을 얻는 혁신innovation inspired by nature'이라고 정의했다. 이 책의 출간을 계기로 생물모방은 21세기의 새로운 연구 분야로 각광을 받기 시작했다. 베니어스는 이 책에서 다음과 같이 생물모방의 중요성을 강조했다.

박테리아가 지구상에 처음 나타난 이후 38억 년에 걸친 연구와 개발의 결과 생물 중에서 실패작들은 화석이 되었고, 지금 우리가 주변에서 볼 수 있는 것은 모두 생존의 비밀을 가지고 있다. 우리의 세계가 자연세계를 더 닮고 자연세계처럼 기능을 발휘하면 할수록 이 행성은 우리를 더 잘 받아들일 것이다.

자연으로부터 배운 것을 토대로 성취할 수 있는 혁신에 대해서는 다음과 같이 나열했다.

나뭇잎을 모방한 태양전지, 거미줄처럼 꼰 강철섬유, 조개를 모방한 깨지지 않는 세라믹, 침팬지로부터 배운 암 치료법, 다년생 들풀에서 영감을 얻은 다년생 곡물, 세포처럼 신호를 보내는 컴퓨터, 미국 삼나무숲에서 교훈을 얻는 경제 등, 어떤 경우에도 자연은 모델이 된다.

생물영감 또는 생물모방은 자연 전체가 모델이 되므로 연구의 범위를 가늠하기 어려울 정도로 깊고 넓다.

2005년 미국의 물리학자인 요세프 바-코헨Yoseph Bar-Cohen이 편집한 《생물모방학Biomimetics》을 살펴보면 생물모방 연구의 범위를 짐작해볼 수 있다. 20편의 연구논문이 실린 이 책에는 생물의 구조와 기능을 본떠 만드는 물질은 물론이고 로봇공학, 인공 지능, 인공생명, 인공 장기와 인공 근육을 다루는 생체전자공학(바이오닉스), 신경공학 등 현대 과학기술의 핵심 분야가 망라되어 있다. 생물에서 영감을 얻고, 또 생물을 본뜨는 연구야말로 모든 과학기술을 융합하는 것임을 여실히 보여주고 있는 것이다.

21세기 들어 생물영감 또는 생물모방이 각광을 받게 된 까닭은 크게 두 가지로 볼 수 있다.

하나는 나노기술의 발달이다. 생물의 구조와 기능을 나노미터 수준에서 파악할 수 있게 됨에 따라 생물을 본뜬 물질을 만들어낼 수 있게 되었기 때문이다. 이를테면 도마뱀붙이 발가락의 빨판, 연잎 표면의 돌기, 공작새 깃털의 단백질, 모르포나비 날개의 비늘, 전복 껍데기의 구조는 모두 나노 크기의 물질로 이루어져 있다.

다른 하나의 이유는 지구의 환경위기이다. 베니어스가 《생물모방》에서 명쾌하게 일갈한 대목에 그 이유가 함축되어 있다.

생물들은 화석연료를 고갈시키지 않고 지구를 오염시키지도 않으며 미래를 저당잡히지 않고도 지금 우리가 하고자 하는 일을 전부 해왔다. 이보다 더 좋은 모델이 어디에 있겠는가?

자연을 스승으로 삼고, 자연의 지혜를 배우면 지구를 환경위기로부터 구해낼 수 있다고 굳게 믿는 사람들은 생물영감 또는 생물모방을 단순히 과학기술의 하나로 여기지 않고 이른바 '생태시대Ecological Age'를 여는 혁신적인 접근방법으로 보고 있는 것이다.

# 자연중심 기술과
# 청색경제

2008년 10월 스페인에서 열린 세계자연보전 연맹IUCN 회의에서 '자연의 100대 혁신기술Nature's 100 Best'이라 불리는 보고서가 발표되었다. 세계자연보전연맹과 유엔환경계획UNEP의 후원을 받아 마련된 이 보고서는 생물로부터 영감을 받거나 생물을 모방한 2,100개 기술 중에서 가장 주목할 만한 100가지 혁신기술을 선정하여 수록한 것이다.

이 보고서를 만든 사람은 재닌 베니어스와 군터 파울리Gunter Pauli, 1956~이다. 파울리는 벨기에 출신의 저술가, 기업가, 환경운동가이다. 그는 1994년 일본 정부의 후원을 받아 생물영감 연구조직인 제리ZERI 재단을 설립했다.

2009년 5월 베니어스와 파울리는 이 보고서를 같은 제목의 책으로 발간했다. 2010년 6월 파울리는 자연의 100대 혁신기술을 경제적 측면에서 조명한 저서인 《청색경제The Blue Economy》를 펴냈다. 이 책의 부제는 '10년 안에, 100가지의 혁신기술로 1억 개 일자리가 생긴다10 years, 100 innovations, 100 million jobs'이다. 파울리는 청색경제에 대한 기대감을 다

◆ 군터 파울리

음과 같이 피력했다.

녹색경제green economy는 환경을 보존함과 동시에 동일한 수준이거나 심지어 더 적은 이익을 성취하기 위해 기업에게는 더 많은 투자를, 소비자들에게는 더 많은 지출을 요구해왔다. 이는 경제 성장의 전성기일 때도 이미 도전이었으며 경제 침체기에는 가능성이 거의 없는 해결책이었다. 녹색경제는 많은 선의와 노력에도 불구하고 크게 요구되었던 실행 가능성을 성취하지 못했다.

만일 우리가 시야를 바꾼다면, 우리는 청색경제가 단순히 환경을 보존하는 차원을 뛰어넘어 지속 가능성의 쟁점을 제기하고 있음을 깨닫게 될 것이다. 청색경제는 무엇보다 재생을 약속한다.

청색경제는 생태계가 진화 경로를 유지하여 모든 것이 자연의 끊임없는 창조성, 적응력, 풍요로부터의 혜택을 누리도록 보장해주려는 것이라고 말할 수 있다.

파울리는 청색경제 운동이 전 세계적으로 전개되면 자연으로부터 영감을 얻는 혁신기술, 이를테면 '자연중심의 기술'로 인류가 당면한 환경위기를 극복하고 지속 가능한 '자연중심의 경제'가 실현될 것이라고 확신하고 있다.

《청색경제》에는 '자연의 100대 혁신기술'로 1억 개의 일자리를 창출할 수 있는 방안이 제시되어 있다. '자연의 100대 혁신기술'은 《청색경제》의 부록으로 실려 있을 뿐만 아니라, 베니어스가 운영하는 생물모방 전문 홈페이지 www.asknature.org 나 자연영감 100대 혁신기술 홈페이지 www.n100best.org, 파울리의 제리재단 홈페이지 www.zeri.org 에서 찾아볼 수 있다.

## 자연에서 영감을 얻은 100대 혁신기술

| 순위 | 혁신기술 | 생물 | 잠재적 기회 |
|---|---|---|---|
| 1 | 열대우림재생 | 카리브소나무, 균근 | 물, 식량, 연료, 탄소 배출량 |
| 2 | 순환농법과 식품 가공 | 구더기 | 자연에서 재배하고 가공한 식품, 청정식수, 생물연료, 도시정원 |
| 3 | 펄프로 단백질 생산 | 식물, 버섯, 동물 | 버섯, 생물연료, 동물 사료, 수출 작물, 토착 식품 |
| 4 | 이산화탄소로 생물연료 생산 | 스피루리나 Arthrospira platensis | 이산화탄소 포집, 식량, 생물연료, 생물플라스틱 |
| 5 | 순환생산 양조장 | 식물, 동물, 버섯, 조류, 박테리아 | 맥주, 버섯, 빵, 소시지, 생물연료, 물 |
| 6 | 토지를 재생하는 실크 | 누에, 황금거미 | 강철과 티타늄 대체, 의료기기, 면도날에서 화장품까지 다양한 소비재 |
| 7 | 대나무 주택 | 대나무 | 물, 탄소 포집, 건축 자재, 생화학 |
| 8 | 빠르고 저렴한 건축을 위한 건축 자재 | 나무 섬유소 | 재생 가능한 종이를 건축 자재로 활용, 응급 피난 장소 |
| 9 | 생태학적 폐수 처리 | 식물, 조류, 버섯, 물고기, 박테리아 | 물, 버섯, 바이오 가스, 비료 |
| 10 | 식품 추출 방화제 | 감귤류 껍질, 포도 찌꺼기 | 농업 폐기물 재활용, 건강증진 제품, 광업 |
| 11 | 재활용이 불가능한 유리를 건축 자재로 | 이산화규소(실리카) | 다목적 건축 자재, 소비재, 농업 제품 |
| 12 | 열대우림에서와 같은 공기 흐름 | 열대우림 생태계 | 수목원, 공기 정화, 에너지 절약, 실내 디자인 |
| 13 | 자외선 차단 | 에델바이스, 토마토 | 착색, 화장품, 건강 등을 위한 다기능 재료 |
| 14 | 음식물 쓰레기 전분을 플라스틱으로 | 균류 | 생물플라스틱, 매립 쓰레기 감소, 동물 사료, 생물연료 |
| 15 | 나무를 식량으로 | 나무, 균류, 동물 | 숯, 버섯, 동물 사료, 건설용 나무, 뿌리덮개 |

| 순위 | 혁신기술 | 생물 | 잠재적 기회 |
|---|---|---|---|
| 16 | 초원의 생물연료 | 기름을 함유한 식물과 열매 | 관광, 생물연료, 생물 다양성 |
| 17 | 배터리 없애기 | 고래, 온혈동물 | 전자장치, 의료장비, 게임, 장난감, 의류, 신발 |
| 18 | 제련 없애기 | 박테리아 | 순수 금속, 에너지 효율성, 전자 쓰레기 처리, 광산업 |
| 19 | 유독성 화학제품 없애기 | 중력에 의해 생성되는 소용돌이 | 식수, 살충제 대체, 얼음 제조, 관개 |
| 20 | 냉장고 없애기 | 물곰, 재생고사리 | 백신, 의약품, 식량 보존 |
| 21 | 풀 없애기 | 도꼬마리 | 소비재 산업 |
| 22 | 살균제 없애기 | 홍조紅藻 | 농업, 오일과 가스, 식품 가공, 소비재, 보건, 의약품 |
| 23 | 삼투작용 없이 물 재생 | 나미브사막풍뎅이 | 식수, 열섬효과 감소, 에너지 효율성 |
| 24 | 비누 없이 세척 | 연잎 | 건축, 페인트, 자동차 디자인, 판유리 |
| 25 | 윤활제나 볼베어링 없애기 | 모래물고기, 도마뱀 | 기계, 차, 가전제품, 마이크로 전자기기 등의 기계적 마찰 |
| 26 | 안료 없이 색깔 내기 | 조류, 풍뎅이 | 화장품, 페인트, 크리스털, 섬유 |
| 27 | 프레온가스 없이 추진력 확보 | 폭격수풍뎅이 | 의료, 화장품, 안전장비, 광산 |
| 28 | 기계 없이 실내 공기 조절 | 흰개미, 얼룩말 | 부동산 개발, 주택, 학교, 사무 및 공공건물, 양로원, 산업단지 |
| 29 | 뿌리에서 발생하는 열 | 식물 분해로 덥혀지는 뿌리 | 바닥 난방, 원예, 수목원 |
| 30 | 이산화탄소 배기가스에서 탄산칼슘을 | 천연 탄산가스 | 시멘트산업, 화력발전소, 제련, 세라믹 |
| 31 | 알루미늄 포장 없애기 | 호주사막개구리 | 식품, 음료, 의약품, 화장품 |

| 순위 | 혁신기술 | 생물 | 잠재적 기회 |
|---|---|---|---|
| 32 | 열 없이 세라믹 생성 | 전복, 붉은지렁이 | 마이크로 전자기기, 엔진, 에너지 효율 서비스 |
| 33 | 화학약품 없는 종이 | 흰개미 | 종이, 소비재, 단열재 |
| 34 | 수은 없는 빛 | 해파리, 균류 | 조명(특히 광산 내에서) |
| 35 | 용해제 없애기 | 홍조 | 모든 종류의 화학응용 분야 |
| 36 | 무통 주삿바늘 | 모기 | 당뇨병 치료, 백신, 동물 치료 |
| 37 | 구더기 치료법 | 구더기 | 도살장, 식품, 보건 |
| 38 | 수질 정화 | 아쿠아포린 (세포막 단백질) | 마이크로 전자기기, 식품 가공, 응급용수 공급 |
| 39 | 흑연에 의한 수질 여과 | 대합 | 도시 및 산업용 물처리 시스템 |
| 40 | 수질 정화 | 낙엽송 | 강물 복구 |
| 41 | 수질 정화 | 권총새우 | 마이크로 전자기기, 의약품, 분무 화학물, 화장품, 식품, 음료 |
| 42 | 규조토를 사용한 충격 조절 | 규조토 | 건설, 광산업 |
| 43 | 일산화탄소 및 이산화탄소로 플라스틱 생산 | 감귤류 | 마이크로 전자기기, 맞춤형 플라스틱, 식품 포장 |
| 44 | 조류에서 폴리에스테롤 생산 | 스피루리나 | 화장품, 식품 포장, 나노 크기의 폴리머 |
| 45 | 전기물고기에서 생물 배터리 | 전기가오리 | 휴대 가능 소형 전자제품 |
| 46 | 에너지 보존을 위한 알고리즘 | 개화식물 | 가정의 실내 온도 조절, 농업 (온실) |
| 47 | 납 포획 | 황색제라늄 | 쓰레기 처리, 수질 정화, 마이크로 전자공학, 자동차 배터리 재생 |
| 48 | 구리 포획 | 나무귀버섯 | 전선, 색소, 전자제품 쓰레기, 자동차 재생, 토질 회복 |

| 순위 | 혁신기술 | 생물 | 잠재적 기회 |
|---|---|---|---|
| 49 | 피보나치 코드 난류 적용 | 앵무조개 | 환기, 액체 혼합, 수질 정화, 컴퓨터 냉각 |
| 50 | 풀, 너트, 볼트를 사용하지 않는 접착제 | 도마뱀붙이 | 항공기, 자동차 산업 |
| 51 | 포름알데히드를 사용하지 않는 접착제 | 홍합 | 목재 가공, 다중 포장 |
| 52 | 천연 항생제 | 매자나무 | 식품 가공, 청정제품, 개인용 보건 |
| 53 | 조류독감 방역 | 독수리 | 공공건물 관리, 공기 정화, 냉난방 |
| 54 | 황열병 방역 | 아시아들소 | 공공건물(학교, 병원, 식당) 위생 관리 |
| 55 | 항곰팡이 화학물 | 붉은강낭콩 | 건물 관리, 식품 가공, 목재 가공, 농업화학 |
| 56 | 응결된 식수 | 선인장 가시 | 농업 및 관개 시스템, 장식용 식물, 사무용 건물 관리 |
| 57 | 바닷물 염분 제거 | 펭귄 | 도시 상수 공급, 긴급 수원 확보, 해운, 오일, 가스 |
| 58 | 소금 박막 | 폴리네시안 박스 과일 | 해변 지역 식수 공급, 해상 운송 |
| 59 | 공기로부터 식수 조달 | 사막식물 Welwitschia mirabilis | 건물 관리, 농업 |
| 60 | 자기정화 표면 | 전복 | 위생용 세라믹 |
| 61 | 세라믹 합성 | 글리세라 벌레 | 엔진, 마이크로 전자공학 |
| 62 | 윤활제 | 규조류珪藻類 | 에어백과 같은 마이크로 전자기기 시스템 |
| 63 | 백색 착색 | 다색풍뎅이 | 식품, 화장품, 화학, 플라스틱, 종이 |
| 64 | 하중에 견디는 포장 | 해삼 | 포장, 전자공학 |
| 65 | 늘어날 수 있는 포장 | 펠리컨 | 음료, 연료 용기, 액체 상태의 약품 |

| 순위 | 혁신기술 | 생물 | 잠재적 기회 |
|---|---|---|---|
| 66 | 방수 | 벌 | 생물플라스틱, 물병, 건축 자재(지붕) |
| 67 | 종이 생산을 위한 목질 가공 | 백색균류, 박테리아 | 일회용 소비자 종이제품, 단열재 |
| 68 | 에이즈시험 키트에 사용되는 청색 광 | 심해갑각류 | 의료기기 |
| 69 | 건물용 배관 | 사람 호흡기관 및 소화기관 | 건축업, 도시계획 |
| 70 | 박막 태양전지 | 식물 잎 | 섬유, 온실, 건물, 화학산업 (부식 방지제 대체물질) |
| 71 | 집광형 태양열발전 CSP | 잠자리 | 물 가열, 발전 |
| 72 | 열 보전 | 참다랑어 | 섬유, 수중 엔지니어링 |
| 73 | 항력 감소 | 돌고래, 고래 | 풍력, 항공, 자동차 설계 |
| 74 | 공기역학적 효율 | 거북복 | 자동차 설계 |
| 75 | 고체 상태 에너지 | 지의류 | 안전 시스템 |
| 76 | 생물 촉매 | 해조류 | 화학, 식품 가공 |
| 77 | 파도 에너지 | 미역 | 운동에너지, 해변 지역 개발 |
| 78 | 교통 혼잡 감소 | 떼지능 | 통신, 교통 적체 관리 |
| 79 | 자동 난방 | 아룸 | 농업(원예 및 온실) |
| 80 | 동결 방지 | 풍뎅이 | 자동차, 식품 보전, 의약품 |
| 81 | 실리콘 부착물 | 해면 | 전자공학, 화장품 |
| 82 | 왜곡 없는 렌즈 | 거미불가사리 | 광학, 전자제품, 보안장치 |
| 83 | 칩의 자기조립 | 규조류 | 마이크로 전자기기 |
| 84 | 전도성 | 고래 | 페이스메이커, 바이오센서 |
| 85 | 전도성 젤 | 상어 | 의료기기, 이동 마이크로 전자기기 |
| 86 | 박막 렌즈 | 문어 | 안전 시스템, 원격감시 장치, 교통 제어 |
| 87 | 적외선 렌즈 | 보석풍뎅이 | 소방 안전, 방위산업, 주방기기 |

| 순위 | 혁신기술 | 생물 | 잠재적 기회 |
|---|---|---|---|
| 88 | 레이더 공항 보안 | 박쥐 | 보안 시스템, 교통 제어 |
| 89 | 음파 위치 탐지기 | 브라질파리 | 보청기, 보안 시스템 |
| 90 | 음향 렌즈 | 분홍돌고래 | 보청기, 보안 시스템 |
| 91 | 소리 전달 | 코끼리 | 의료기기, 보청기 |
| 92 | 광학섬유 | 해면 | 조명, 통신 |
| 93 | 수중 데이터 전송 | 돌고래 | 통신, 오락 |
| 94 | 방수 | 소금쟁이 | 피부 관리, 화학, 섬유, 신발 |
| 95 | 방습제 | 사막바퀴벌레 | 건물 관리, 의료, 식품 보전 |
| 96 | 말라리아 제어 | 거미 | 의약품 대체 |
| 97 | 방사선 피해 복구 | 박테리아 | 화장품, 의약품, 방사선 치료 |
| 98 | 충격 흡수 | 딱다구리 | 자동차, 승강기, 지진 다발 지역 건물 설계 |
| 99 | 체지방 감소 | 동면 동물 | 보건, 식품 가공 |
| 100 | 위산 감소 | 위주머니개구리 | 의약품, 기능성 식품 |

# 자연중심적
# 세계관과 생태시대

생물영감 또는 생물모방과 같은 자연중심적인 기술이 산업 활동에 적극적으로 수용되어 사회 발전과 아울러 환경 문제 해결에 보탬이 되려면, 무엇보다 자연중심적인 세계관이 전 사회적으로 널리 확산될 필요가 있다.

서양철학의 전통은 대부분 오로지 인간의 도덕적 지위만을 인정하고, 자연의 도덕적 지위에 대해서는 매우 냉담한 반응을 보였다. 기원전 4세기의 아리스토텔레스<sub>Aristoteles, BC 384~322</sub>는 "자연은 일정한 목적이나 의도를 위한 것이라는 우리의 믿음이 타당하다면, 그것은 다름 아닌 인간을 위한 것임에 틀림없다"고 말했다. 13세기의 토마스 아퀴나스<sub>Thomas Aquinas, 1225~1274</sub>는 신학적 맥락에서 "신의 섭리에 의해 동물은 자연의 과정에서 인간이 사용하도록 운명지어졌다"고 말했다.

18세기의 위대한 철학자인 임마누엘 칸트<sub>Immanuel Kant, 1724~1804</sub>도 자연을 존중하는 우리의 의무는 다른 인간에 대한 의무에서 도출되는 간접적인 의무일 따름이라고 말하고, 인간만이 도덕적 지위를 갖

◆ 임마누엘 칸트

는다는 전통적 견해를 강화했다.

이처럼 서양의 대부분의 철학자들은 인간만이 도덕적 지위를 갖는다고 생각했기 때문에, 자연은 도덕적 고려 대상에서 배제될 수밖에 없었다. 동물과 식물은 주체가 아니라 대상일 따름이었다.

1960년대 후반에 이러한 서양철학의 전통이 결국 환경위기를 초래한 원인이라는 논문이 발표되었다. 1967년 3월 미국의 기술사학자인 린 화이트Lynn White, 1907~1987는 《사이언스Science》에 〈생태위기의 역사적 기원The Historical Roots of our Ecological Crisis〉이라는 논문을 발표했다. 이 논문에서 화이트는 인간은 모든 창조에 있어서 특권적 위치를 차지하며 자연보다 우월하고 자연을 지배하도록 신에 의해 명령받았다고 여기는 기독교의 인간중심적 세계관이 환경위기의 기원이

◆ 린 화이트

라고 주장했다. 다시 말해 자연에 대한 인간중심적 세계관이 지배하는 상황에서 현대 과학기술이 대부분 발전했기 때문에 환경위기가 비롯되었다는 것이다.

　1973년 노르웨이 철학자인 아르네 네스Arne Naess, 1912~2009는 근본생태주의deep ecology 운동을 제창했다. 네스는 환경위기를 해결하기 위해서는 개인적 및 사회적 관행을 바꾸는 정도로는 부족하므로 세계관을 근본적으로 바꿔야 한다고 주장했다.

　1985년 네스를 따르는 미국의 사회학자인 빌 드볼Bill Devall, 1938~2009과 철학자인 조지 세션스George Sessions는 《근본생태주의Deep Ecology》를 펴냈다. 이 책에서 두 사람은 지구상의 모든 생명체가 내재적 가치inherent worth를 가진 존재라고 주장했다. 내재적 가치는 인간의 가

치평가와 무관하게 그 자체로 갖는 가치를 의미한다. 그러니까 인간을 자연의 나머지 부분과 근본적으로 다른 존재로 보는 인간중심적 세계관은 거부되어야 한다는 것이다.

인간을 자연과 분리된 존재가 아니라 그 일부로 보는 드볼과 세션스는 다음과 같이 '생명 중심적 평등biocentric equality'의 원리를 내세웠다.

생명계에 존재하는 모든 것은 살고 번성할 평등한 권리를 가지며, 자기 나름의 삶을 전개하고 큰 자아의 맥락 안에서 자기를 실현할 평등한 권리가 있다. 모든 유기체와 생태권에 존재하는 모든 실재는 상호 연관된 전체의 한 부분이다.

1986년 미국 철학자인 폴 테일러Paul Taylor는 《자연에 대한 존중 Respect for Nature》을 펴내고 생명 중심 윤리biocentrism를 체계화했다. 이 책에서 테일러는 '자연에 대한 생명 중심적 관점the biocentric outlook on nature'은 자연과 인간의 관계에 대한 근본적인 세계관을 제공하는 신념 체계라고 설명하고, 우리가 이러한 세계관을 채택하게 되면 우리는 모든 생명체를 내재적 가치를 가진 존재로 보는 것만이 유일하게 적절한 방식이라는 것을 알게 된다고 주장했다. 테일러는 더 나아가서 생명 중심적 관점이야말로 합리적인 사람이라면 반드시 채택해야 할 자연관이라고 주장했다.

테일러의 생명 중심적 관점은 네 가지 핵심 신념으로 구성되어 있다. 첫째 인간은 다른 생명체와 똑같은 이유에서 지구 공동체의 구성원이다. 둘째 인간을 포함하여 모든 종은 상호 의존 체계의 일부이다. 셋째 모든 생명체는 자기 고유의 방식으로 자기 고유의 선을 추구한다. 넷째 인간이 다른 생명체보다 내재적으로 더 우월한 존재는 아니다.

오늘날 생태 위기는 아직도 인간 중심적 세계관과 생명 중심적 세계관이 혼재되어 있기 때문에 비롯되었다고 볼 수 있을 것 같다. 인류 사회가 산업시대에서 생태시대로 전환되려면 무엇보다도 생명 중심적 또는 자연 중심적 세계관에 대해 폭넓게 공감대가 형성되어야 할 줄로 안다.

# 청색기술이
# 희망이다

nature,

the

great mentor

NATURE, THE GREAT MENTOR

# 1

# 자연을
# 본떠 만든 물질

---

우리 주변의 생물은 대부분 수천만 또는 수억 년 동안 진화를 거듭하는 과정에서 생존을 위협하는 갖가지 도전에 슬기롭게 대처했기 때문에 살아남은 존재들이다. 이러한 생물의 구조와 기능을 본뜬다면 경제적 효율성이 뛰어남과 동시에 환경친화적인 물질의 창조가 가능할 것이다.

21세기 초반부터 생물영감 또는 생물모방 연구가 본격적으로 활성화되면서 자연을 본떠 만든 물질이 쏟아져나오기 시작했다. 특히 나노기술의 발전에 힘입어 다양한 생물모방 물질이 개발되고 있다. 도마뱀붙이 발바닥의 빨판을 모방한 접착제, 연잎 표면의 돌기를 본뜬 자기정화 물질, 모르포나비 날개의 비늘을 흉내낸 옷감은 모두 나노기술을 활용한 소재이다. 어쨌거나 생물모방 연구진 사이에서 영웅적인 존재로 여겨지는 나미브사막풍뎅이가 사막의 안개에서 식수를 만들어내는 그 필사적인 생존기술은 처절할 정도로 아름답기까지 하지 않은가.

# 도마뱀붙이와
# 나노 접착제

야행성 동물인 게코gecko(도마뱀붙이)는 중앙 아시아, 남부 유럽, 아메리카 대륙에서 사막과 밀림에 살고 있으며 2,000여 종에 이른다. 몸길이는 꼬리를 포함해서 30~50센티미터, 몸무게는 4~5킬로그램 정도인 작지 않은 동물이지만, 파리 따위의 곤충처럼 벽을 따라 기어올라가는가 하면 천장에 거꾸로 매달려 걷기도 한다.

미국의 켈라 오텀Kellar Autumn 만큼 도마뱀붙이 연구에 전력투구하는 학자는 드물다. 오텀은 만유인력의 법칙을 거스르는 도마뱀붙이의 능력은 발가락 바닥의 특수한 구조에서 비롯된다는 것을 밝혀냈다. 도마뱀붙이의 발가락 바닥에는 사람의 손금처럼 작은 주름이 새겨져 있는데, 이 작은 주름들은 뻣뻣한 털(강모)로 덮여 있다. 강모는 1제곱밀리미터에 약 15,000개가 규칙적으로 빽빽하게 배열되어 있다. 발바닥 한 개에 이러한 강모가 50만 개 정도 있다.

강모는 작은 빗자루처럼 생겼으며 길이는 0.1밀리미터 정도이다. 강모의 끝에는 잔가지가 100~1,000개 나와 있다. 잔가지의 끝부분

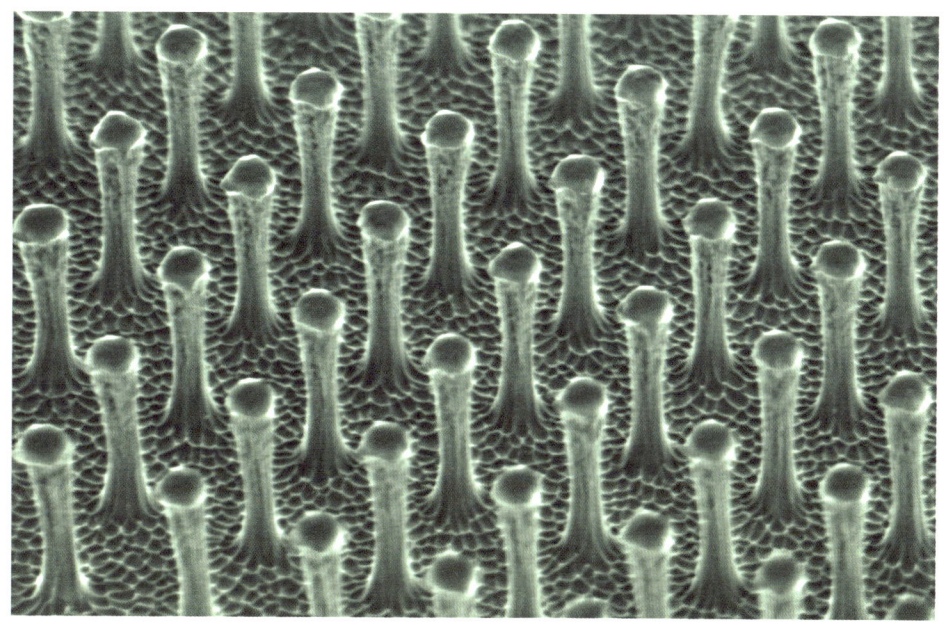

♦ 도마뱀붙이(오른쪽)의 발바닥에 나 있는 나노 빨판(위)

은 오징어나 거머리의 빨판처럼 뭉툭하게 생겼는데, 지름은 200나노미터 정도이다. 도마뱀붙이 한 마리는 이러한 나노 빨판을 약 10억 개 갖고 있다. 요컨대 발바닥의 나노 빨판 덕분에 도마뱀붙이는 천장에 매달려 걸어다닐 수 있는 것이다.

오텀은 도마뱀붙이 발바닥의 경이로운 접착력을 규명하기 위해 실험을 해서, 도마뱀붙이의 강모가 표면과 접촉할 때 작용하는 힘이 무엇인지 밝혀냈다. 2000년 오텀은 세계적인 과학전문지인 《네이처Nature》6월 8일자에 발표한 논문에서, 분자들이 서로 끌어당기는 인력, 곧 '반데르 발스 힘van der Waals force'이라는 결론을 내렸다. 이는 두 물체가 2나노 미터 이하로 떨어져 있을 때에만 작용하는 힘이다. 요컨대 도마뱀붙이는 강모와 표면 사이에 작용하는 반데르발스 힘 덕분에 천장에 매달려 있을 수 있다. 1873년 네덜란드의 물리학자인 요하네스 반 데르 발스Johannes Diderik van der Waals, 1837~1923가 제안한 개념이다. 그는 1910년 노벨상을 받았다.

나노 빨판 하나가 지탱하는 힘은 1만분의 1그램 정도에 불과하다. 하지만 발바닥 한 개에는 100~1,000개의 나노 빨판이 나와 있는 강모가 50만 개 있기 때문에 발바닥 하나로 무거운 몸이 벽이나 천장에서 밑으로 떨어지지 않게끔 지탱할 수 있는 것이다. 도마뱀붙이의 강모가 모두 동시에 접착을 한다면 몸무게가 120킬로그램인 사람을 지탱할 수 있다.

오텀의 연구 덕분에 도마뱀붙이는 생물학적 호기심의 대상에 머물지 않고 공학적 연구의 핵심 주제가 되었다. 미국의 공학기술자인 론 피어링Ron Fearing은 도마뱀붙이의 강모를 모방한 접착제를 개발했다. 2004년 5월 피어링은 오텀과 함께 도마뱀붙이 접착제에 대한 특허를 획득하여 상용화의 길을 텄다.

벨크로의 막강한 경쟁 상대가 된 이 나노 접착제는 가정에서 건식 접착제로 사용될 뿐만 아니라, 벨크로와 달리 마이크로미터의 세계에서 물체를 포착하여 이동시킬 수 있는 장점을 갖고 있다. 가령 마이크로 전자제품의 조립에 사용될 수도 있다.

2004년 서울대학교 기계항공공학부의 서갑양 교수는 도마뱀붙이 접착제 개발에 착수하여 괄목할 만한 성과를 거두었다. 그가 만든

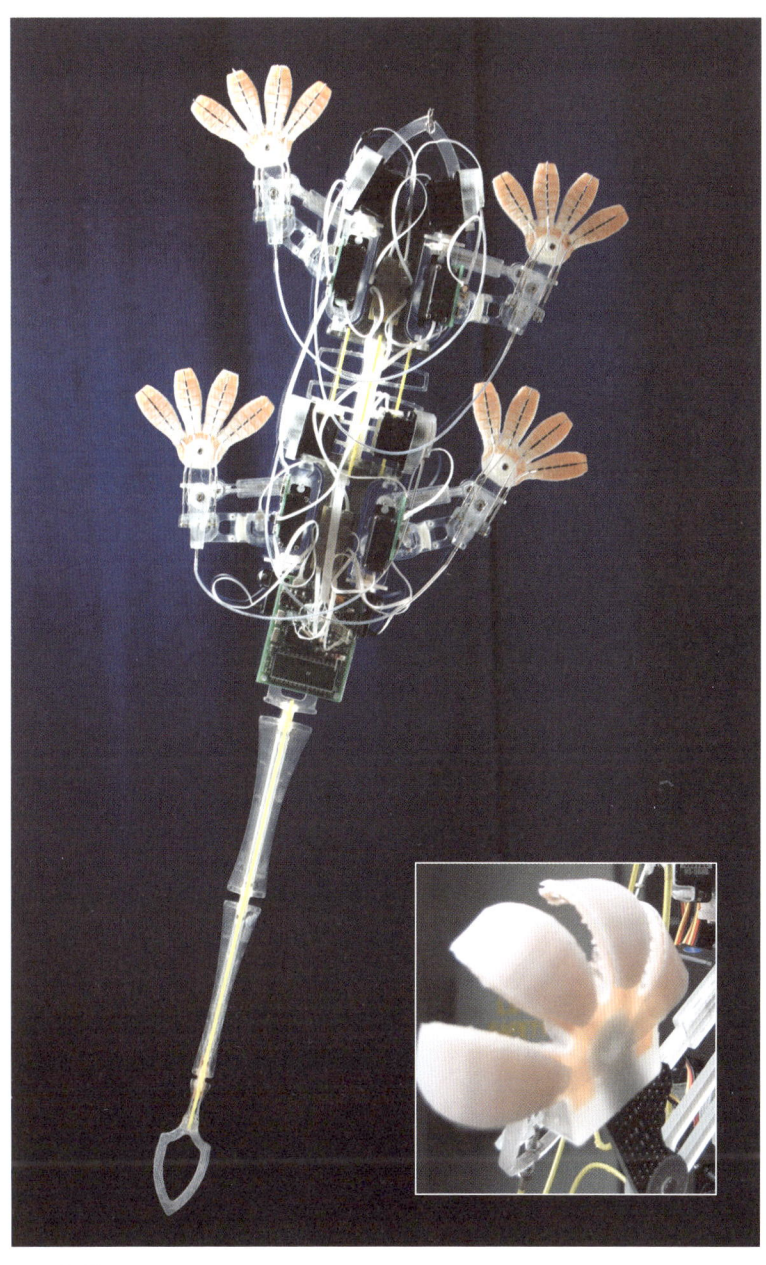

◆ 스티키봇

접착테이프는 게코 발바닥보다 접착력이 두 배 강한 것으로 알려졌다. 여러 개를 연결하면 10킬로그램의 물체를 옮길 수 있다.

미국 스탠퍼드대학의 김상배 연구원(현재는 MIT 연구원)은 게코처럼 미끄러운 벽면을 기어오를 수 있는 로봇을 개발했다. '끈적이 로봇'이라는 뜻을 지닌 스티키봇Stickybot이다. 미국 시사주간지 《타임Time》에 2006년 최고의 발명품으로 선정된 스티키봇의 밑바닥에는 게코 발바닥의 미세한 털을 모방하여 만든 나노 크기의 털이 붙어 있다. 스티키봇은 초당 4센티미터의 속도로 미끄러운 벽을 기어올라갈 수 있다.

게코의 나노 빨판을 모방한 나노 접착제는 1962년 첫선을 보인 만화주인공 스파이더맨(거미인간)처럼 천장과 벽을 걸어다니는 꿈을 현실로 만들어줄지도 모른다.

# 홍합과
# 습식접착제

홍합은 깊이 20미터 정도 물속 바위에 달라 붙어 살며 파도가 쳐도 떠밀려가지 않는다. 연체동물인 홍합은 단단한 껍데기를 가지고 있는데, 한쪽 껍데기를 바위에 고정시킨 다음에 다른 쪽 껍데기를 열어 바닷물이 안으로 들어오도록 한다. 홍합은 바닷물 속의 먹이를 섭취하여 살아간다.

소용돌이치는 해류 속에서 홍합은 자기 몸을 미끄러운 바위에 단단히 밀착시키기 위해 단백질을 사용한다. 홍합이 분비하는 접착성 단백질은 나무와 금속, 심지어는 뼈까지 거의 모든 종류 표면의 틈 안으로 뚫고 들어가 달라붙을 수 있는 것으로 밝혀졌다.

홍합을 파도가 치는 해안의 바위나 선박에 달라붙게 해주는 단백질은 발 기관에 의해 분비되어 족사足絲의 홈 안으로 들어간다.

족사는 지름 0.1밀리미터의 가는 실로, 홍합의 몸을 다른 물체에 고정시킬 때 사용하는 단백질 섬유이다. 족사에는 홈이 파여 있어 바위에 잘 달라붙는다. 실처럼 생긴 족사의 끝에는 플라크plaque라 불리는 작은 판이 있으며, 이 판은 접착성 단백질에 의해 바위에 달

라붙는다. 이를테면 족사가 홍합의 부드러운 몸을 플라크에 연결해
준다.

40년 넘게 홍합을 연구한 미국의 허버트 웨이트Herbert Waite 는 홍합
의 족사가 만들어지는 과정을 재닌 베니어스의《생물모방》에서 다
음과 같이 설명한다.

> 홍합은 꼭 혀처럼 생긴 통통한 발을 내밀어 먼저 발끝을 접착 부
> 위에 대고 누른다. 발끝 부위에서 접착성 단백질이 분비되면 발에
> 있는 세로의 긴 홈 안으로 들어간다. 그 홈 안에서 족사와 플라크가
> 조립되고 단단해진다. 그 다음에 다시 발끝 부위로부터 접착성 단
> 백질이 플라크와 접촉 표면 사이로 분출된다. 접착성 단백질은 곧

◆ 홍합

굳는다. 족사-플라크-접착성 단백질을 통틀어 '족사 복합체'라 부르는데, 이것이 만들어지는 환상적인 전체 과정은 단 3~4분밖에 걸리지 않는다.

홍합이 족사, 플라크, 접착성 단백질을 만들어내는 과정을 완벽하게 복제해낸 사람은 아직 아무도 없다. 하지만 홍합의 능력을 본뜬 접착제를 개발하기 위해 연구하는 과학자는 한둘이 아니다.

특히 홍합의 족사는 의료용 접착제로 기대를 모으고 있다. 간과 같은 장기는 표면이 부드러워 꿰매기 어렵지만, 홍합을 본뜬 접착제를 사용하면 수술 부위를 꿰매지 않아도 되기 때문이다.

한 걸음 더 나아가 축축한 곳에 잘 달라붙는 홍합의 접착성 단백질을 건조한 곳에 잘 달라붙는 도마뱀붙이의 발바닥과 결합하는 연구도 시도되었다. 2002년 미국의 생명공학자인 필립 메서스미스Phillip Messersmith는 건식접착제와 습식접착제의 기능을 모두 가진 게켈geckel을 만들었다. 영어로 도마뱀붙이gecko와 홍합mussel에서 이름을 따온 게켈은 건조한 곳이나 습한 곳에서 1,000회 이상 접착할 수 있을 뿐만 아니라, 접착력도 15배 가까이 증가되었다.

우리나라 과학자들도 홍합 연구에서 세계적인 성과를 거두고 있다. 카이스트KAIST 화학과의 이해신 교수는 2006년에 세계 최초로 홍합의 족사 한 개가 12.5킬로그램을 들어올릴 수 있다는 사실을 밝혀냈다. 홍합에서 열 개 정도의 족사가 나오므로 홍합 한 마리가 125킬로그램의 물체를 들어올릴 수 있다는 뜻이다. 2007년 이 교수는 홍합의 족사를 본뜬 접착제를 만들어 세계적인 과학전문지인《사이언스》에 발표했다. 또 같은 해에 게켈을 만들어《네이처》에 발표했다.

특히 이 교수는 의료용 접착제를 대량 생산하는 길도 터놓은 것으로 평가된다. 홍합 접착물질을 1그램 얻어내려면 무려 1만 마리의 홍합이 필요하므로 경제적으로 타당성이 없다. 그러나 이 교수는 접착물질을 대량으로 만들어내는 방법을 찾아내서 세계 의료용 접착제 시장의 주목을 받고 있다.

2007년 8월 포스텍POSTECH 화학공학과의 차형준 교수도 홍합을 이용하여 일반 접착제부터 의료용 접착제까지 대량으로 만들 수 있는 원천기술을 개발했다고 밝혔다.

◆ 게켈이 실린 《네이처》 표지(2007년)

# 담쟁이덩굴과
# 접착물질

담쟁이덩굴의 줄기는 벽을 타고 올라가 단단히 달라붙는다. 담쟁이덩굴의 줄기 끝에는 지름 3밀리미터의 동그란 원반이 7~9개씩 달려 있다. 줄기 끝의 원반에는 지름 10~15마이크로미터, 길이 100~200마이크로미터의 뿌리털이 여러 개 나와 있다.

담쟁이덩굴의 줄기는 워낙 강하게 담벼락에 달라붙기 때문에 억지로 떼면 벽에 바른 회반죽이 떨어져나올 정도이다.

2010년 5월 독일 프라이부르크대학의 토마스 스페크Thomas Speck는 담쟁이덩굴이 벽에 달라붙는 원리를 밝혀냈다. 담쟁이덩굴 줄기 끝에 있는 뿌리털은 벽면에 파여 있는 미세한 홈 안으로 들어가서 홈 안쪽에 고리처럼 걸린다. 한 개의 뿌리털은 한 개의 세포로 구성되어 있다. 세포에서는 끈적끈적한 접착성 액체가 분비된다. 이 분비물질은 홈을 완전히 메우고 눈 깜짝할 사이에 굳는다. 홈을 메운 접착물질 속에 들어 있는 뿌리털이 마치 콘크리트의 철근 같은 역할을 하기 때문에, 덩굴손의 접착성 원반이 벽에 단단히 달라붙게 되는 것이다. 표면에 달라붙은 원반 한 개는 600그램 정도의 무게를 지탱

◆ 담쟁이덩굴 줄기의 뿌리털

할 수 있다. 결국 담쟁이덩굴 줄기는 제 무게의 200만 배 정도나 강하게 담벼락을 붙잡을 수 있는 것으로 밝혀졌다.

　한편 미국 테네시대학의 밍준 장Mingjun Zhang은 담쟁이덩굴 줄기의 접착력은 뿌리털이 분비하는 접착성 액체 안에 들어 있는 나노 입자에 의해 더욱 강력해진다는 사실을 밝혀냈다. 덩굴손의 접착물질 안에 있는 입자의 크기가 나노미터 수준으로 작아지면 표면적이 증가하게 되므로 벽과 접촉하는 면적이 크게 늘어나서 접착력도 더욱 커지는 것이다.

담쟁이덩굴의 접착력을 응용하는 연구도 활발하게 전개되고 있다. 먼저 담쟁이덩굴 줄기가 벽을 타고 오를 때 분비되는 물질로 의료용 접착제를 만들 수 있다. 토마스 스페크는 이미 담쟁이덩굴의 뿌리털과 비슷하게 작용하는 물질을 선보였다.

2010년 7월 밍준 장은 담쟁이덩굴 접착물질의 나노 입자가 자외선으로부터 피부를 보호하는 능력이 있다고 발표했다. 자외선을 차단하는 선스크린(햇볕타기 방지제) 크림의 재료로 기대를 모으고 있다. 기존 선크림에는 금속인 산화티타늄의 나노 입자가 들어 있다. 담쟁이덩굴의 나노 입자를 사용한 선크림은 산화티타늄 선크림보다 자외선으로부터 피부를 보호하는 능력이 월등하고, 인체에 해를 끼칠 가능성이 적고, 접착력이 있어서 물에 들어갔다 나온 뒤에 다시 바를 필요가 없어 크게 활용될 전망이다.

◆ 담쟁이덩굴

# 연잎 효과와
# 자기정화 물질

연은 동양문화에서 여러 가지를 상징한다. 일출과 함께 피어나 일몰과 함께 지는 연은 부활, 창조, 풍요, 재생, 불멸을 상징한다. 또 연은 잎과 꽃이 모두 둥글기 때문에 완전성을 상징한다. 연은 불교 상징물의 하나로 손꼽힌다.

연은 연못 바닥 진흙 속에 뿌리를 박고 자라지만 흐린 물 위로 아름다운 꽃을 피운다. 연은 흙탕물에서 살지만 잎사귀는 항상 깨끗하다. 비가 내리면 물방울이 잎을 적시지 않고 주르르 흘러내리면서 잎에 묻은 먼지나 오염물질을 쓸어내기 때문이다. 연의 잎사귀가 물에 젖지 않고 언제나 깨끗한 상태를 유지하는 자기정화 현상을 연잎 효과lotus effect라고 한다.

이러한 자기정화 효과는 잎의 습윤성wettability, 곧 물에 젖기 쉬운 정도에 달려 있다. 습윤성은 친수성과 소수성으로 나뉜다. 물이 잎 표면을 많이 적시면 물과 친하다는 뜻으로 친수성, 그 반대는 소수성이라 한다. 이러한 성질은 물방울과 잎 표면이 접촉하는 각도로 표시된다.

◆ 연잎

물과 결합하는 친수성 표면에서는 물방울이 널리 퍼져서 물이 잎 표면과 만드는 접촉 각도는 매우 낮아 30도 미만이다. 한편 물을 배척하는 소수성 표면에서는 물이 방울로 뭉쳐서 물방울과 잎 표면의 접촉 각도는 90도 이상이다. 물을 극도로 배척하는 초소수성 표면에서는 물방울이 거의 구형에 가깝고 접촉 각도는 매우 커서 150도가 될 정도이다.

연잎처럼 표면에 작은 돌기가 많이 있으면 물을 배척하는 초소수성 표면이 되어, 물방울은 돌기 위에 위치하게 되므로 물방울과 표면 사이의 접촉 면적은 극적으로 감소한다. 또한 이런 표면에 먼지가 내려앉을 때 역시 표면과 접촉점이 거의 없다. 따라서 빗방울이 떨어질 때 먼지는 표면보다는 물방울에 훨씬 잘 접착하기 때문에 돌기 위로 쉽게 굴러서 물과 함께 씻겨내려간다. 이렇게 해서 초소수성 표면에서는 자기정화 현상, 곧 연잎 효과가 발생하는 것이다.

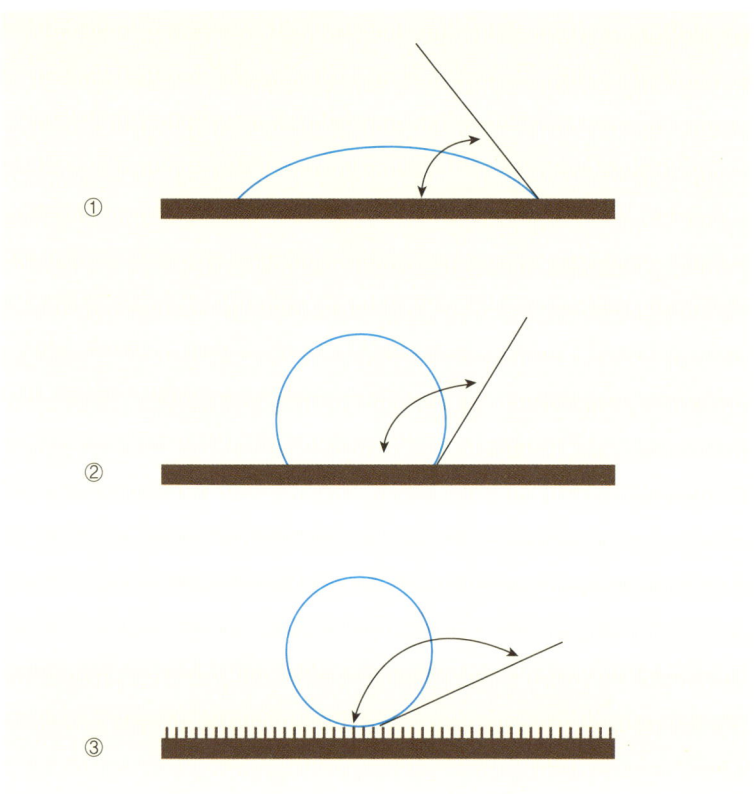

◆ 물과 표면의 접촉 각도는 ① 친수성 표면 30도 미만, ② 소수성 표면 90도 이상, ③ 초소수성 표면(연잎 효과 표면) 150도 이상이다.

독일의 식물학자인 빌헬름 바르트로트Wilhelm Barthlott, 1946~ 는 연잎 표면을 현미경으로 관찰하고, 잎의 표면이 작은 돌기로 덮여 있고 이 돌기의 표면은 티끌처럼 작은 솜털로 덮여 있기 때문에 초소수성 이 되어 연잎 효과가 나타난다는 것을 밝혀냈다. 작은 솜털은 크기 가 수백 나노미터 정도이므로 나노 돌기라 부를 수 있다. 수많은 나 노 돌기가 연잎의 표면을 뒤덮고 있기 때문에, 물방울은 잎을 적시

## 일반적인 표면

먼지 입자는 물보다 표면에 더 강력한 친화력을 갖는다. 따라서 먼지 입자는 빗물이 씻어내린 뒤에도 그대로 남아 있다.

## 연잎 효과 표면

먼지 입자는 미세한 물방울의 윗부분에 위치하며 빗물에 의해 쉽게 휩쓸려 나간다.

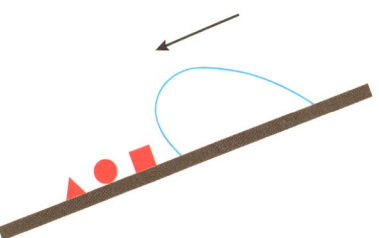

① 물방울이 매끄러운 표면 위로 떨어져서 별로 움직임이 없는 반구를 형성한다.

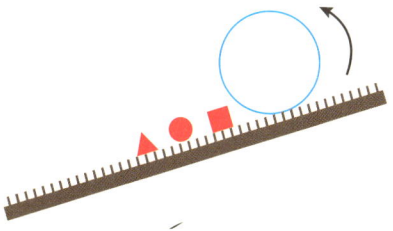

① 거친 표면 위로 떨어진 물방울은 거의 구형에 가깝다.

② 물방울은 작은 먼지 입자 위로 미끄러지지만 입자는 그대로 남아 있다.

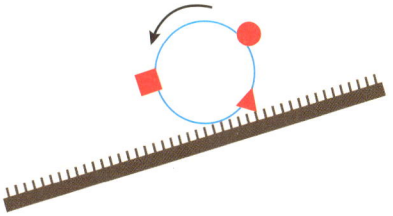

② 물방울이 미끄러지듯 나아가면서 먼지 입자가 물방울에 달라붙는다.

③ 물이 지나간 뒤에도 먼지 입자는 뒤에 남아 있기 때문에 표면이 마른 뒤에도 여전히 더러운 상태이다.

③ 물방울이 굴러가면서 먼지 입자를 가져가기 때문에 표면은 깨끗해진다.

지 못하고 먼지는 빗물과 함께 방울져 떨어지는 것이다.

1992년 바르트로트는 자기정화 기능을 가진 제품의 상표로 '연잎 효과'라는 이름을 붙였다. 왜냐하면 연잎이 자기정화 현상을 가장 잘 보여주기 때문이었다. 그는 1994년 7월 '연잎 효과Lotus-Effect'의 특허를 신청해서 1998년 특허를 획득했다.

연잎 효과의 아이디어에 대해 거부감을 나타낸 학자들이 적지 않았으며 일부 학술지는 그의 논문 게재를 거부하기도 했다. 그러나 1997년 바르트로트는 연잎 효과를 완벽하게 설명하는 논문을 발표했다. 1999년 연잎 효과를 활용한 첫 번째 제품이 상용화되었다. 건물 외벽에 바르는 자기정화 페인트이다.

저절로 방수가 되고 때가 끼는 것을 막아주는 연잎 효과를 응용할 수 있는 가능성은 무궁무진하다. 무엇보다 때를 방지하는 자기정화 표면은 자주 청소를 해야 하는 생활용품에 활용된다. 예컨대 화장실 변기 표면에 나노 돌기를 만들면 항상 청결을 유지할 수 있다. 가정에서 목욕탕, 주방, 계단, 창틀 등 침전물이 형성되는 장소에 연잎 효과를 응용한 자기정화 표면 기술이 적용된 제품을 사용하면 구태여 걸레로 청소하는 수고를 하지 않아도 될 것이다.

자기정화 표면은 물건과 접촉하는 부위에 때가 끼는 것을 막을 수 있으므로 물건에 지문이나 손자국이 생기지 않게끔 할 수도 있다. 특히 담벼락이나 공중화장실 따위의 낙서를 제거하는 데 소요되는 비용이 절감된다. 담벼락에 연잎 효과를 응용하여 개발한 자기정화 페인트를 칠해두면 고압의 물을 뿌려 낙서를 손쉽게 세척할 수 있기 때문이다.

연잎 효과를 응용한 옷도 입을 수 있다. 물에 젖지도 않고 더러워

지지도 않는 옷이 개발되었다. 이 옷을 입으면 음식 국물을 흘리더라도 손으로 툭툭 털어버리면 된다. 이 옷의 섬유 표면에는 연잎 효과를 나타내는 아주 작은 보푸라기들이 수없이 붙어 있다.

# 풍뎅이는 사막에서
# 물을 만든다

풍뎅이는 몸길이가 17~23밀리미터인 절지동물이다. 달걀 모양의 몸에서는 강한 광택이 난다. 등짝에는 작은 점구멍이 흩어져 있으며 양옆에 오목한 곳이 1~3개 있다. 알에서 성충이 되기까지는 1~2년이 걸리며, 성충은 6~7월에 가장 많이 나타난다.

풍뎅잇과 곤충은 전 세계적으로 25,000종이 있으며, 우리나라에는 약 230종이 있다. 식물의 잎이나 꽃을 갉아먹는 종과 동물의 배설

◆ (왼쪽부터) 장수풍뎅이, 꽃무지, 금풍뎅이, 쇠똥구리

물을 먹고 사는 종으로 크게 나뉜다. 장수풍뎅이는 활엽수의 달콤한 수액을 핥아먹고 꽃무지는 꽃가루를 갉아먹는 반면에 금풍뎅이나 쇠똥구리는 동물의 배설물을 먹는다.

어떤 풍뎅이는 비 한 방울 내리지 않는 사막에서도 말라죽지 않는다. 강수량이 적기로 유명한 아프리카 남서부의 나미브사막에 사는 풍뎅이는 건조한 사막의 대기 속에 물기라고는 한 달에 서너 번 아침 산들바람에 실려오는 안개의 수분뿐이지만 끄떡없다. 안개로부터 생존에 필요한 물을 만들어낼 수 있기 때문이다.

나미브사막풍뎅이가 안개에서 물을 만들어낸다는 사실은 1976년에 알려졌다. 하지만 아무도 그 비밀을 밝혀내려고 나서지 않았다. 2001년 영국의 젊은 동물학자인 앤드루 파커 Andrew Parker 는 나미브사막에서 풍뎅이가 메뚜기를 잡아먹는 사진을 우연히 보게 되었다. 지구에서 가장 뜨거운 사막이었기 때문에 열대의 강력한 바람에 의해 사막으로 휩쓸려간 메뚜기들은 모래에 닿는 순간 죽었다. 그러나 풍뎅이들은 끄떡도 하지 않았다. 파커는 풍뎅이의 등짝에 있는 돌기에 주목하고, 거기서 수분이 만들어진다는 사실을 밝혀냈다. 2001년

◆ 나미브사막풍뎅이

《네이처》11월 1일자에 이 연구 결과가 발표되었다.

나미브사막풍뎅이는 몸길이가 2센티미터이다. 등짝에는 지름이 0.5밀리미터 정도인 돌기들이 1밀리미터 간격으로 촘촘히 늘어서 있다. 이 돌기들의 끄트머리는 물과 잘 달라붙는 친수성인 반면에 돌기 아래의 홈이나 다른 부분에는 왁스와 비슷한 물질이 있어 물을 밀어내는 소수성을 띤다.

나미브사막풍뎅이는 밤이 되면 사막 모래언덕의 꼭대기로 기어올라간다. 그 꼭대기는 밤하늘로 열을 반사하여 주변보다 다소 서늘하기 때문이다. 해가 뜨기 직전 안개가 끼어 바다에서 촉촉한 산들바람이 불어오면 풍뎅이는 물구나무를 서서 그쪽으로 등을 세운다. 그러면 안개 속의 수증기가 등짝에 있는 돌기 끝부분에만 달라붙는다. 돌기 끄트머리는 친수성이기 때문이다.

수분 입자가 하나둘 모여 입자 덩어리가 점점 커져서 지름이 0.5밀리미터 정도의 방울이 되면 결국 무게를 감당하지 못하고 돌기의 끄트머리에서 아래로 굴러떨어진다. 이때 돌기 아래의 바닥은 물을 밀어내는 소수성 표면이기 때문에 등짝에 모아진 물방울은 풍뎅이의 입으로 흘러들어간다. 나미브사막풍뎅이는 이런 식으로 수분을 섭취하여 사막에서 살아간다.

2004년 6월 파커는 나미브사막풍뎅이가 안개 속에서 물을 뽑아내는 비법을 응용한 제품을 개발하기 위해 특허를 획득했다.

나미브사막풍뎅이의 물 생산 기술을 모방하면 쓸모가 적지 않을 것 같다. 물을 모아주는 텐트를 만들 수 있다. 이 텐트는 건조한 지역에서 습기를 빨아들여 사람이 마실 물을 만들어낼 것이다. 공항에서 안개를 제거할 때도 풍뎅이의 집수 능력이 활용될 수 있다. 집수 능력이 있는 인공 풍뎅이는 무엇보다 물 문제 해결에 크게 도움이 될 것이다.

군터 파울리는 《청색경제》에서 다음과 같이 풍뎅이의 집수 기술에 대한 기대감을 나타냈다.

> 풍뎅이의 기술을 이용하여 냉각탑으로부터 나오는 수증기에서 물을 모으는 실험을 실시한 결과, 물 손실의 10퍼센트를 복구할 수 있는 것으로 나타났다. 해마다 약 5만 개의 새로운 냉각탑이 세워지고 있으며, 각 시스템마다 매일 5억 리터 이상의 물이 손실되고 있다. 따라서 10퍼센트 절감 효과란 대단한 것이다.

나미브사막풍뎅이의 집수 능력은 물이 부족한 지역에 살고 있는 수많은 사람들의 고통을 덜어주게 될 것으로 기대를 모으고 있다.

# 물총새, 펠리컨, 거북복을
# 모방한 탈것

1964년 일본 최초의 신칸센新幹線 노선이 운영되었다. 신칸센은 고속철도를 운행하기 위해 신설된 간선철도이다. 신칸센 열차는 시속 300킬로미터까지 주행할 수 있어 '탄환열차 bullet train'라고 불리기도 했다.

초기의 탄환열차는 터널 속을 지나갈 때 발생하는 소음이 문제였다. 열차의 속도가 워낙 빨라서 터널 속에 뭉쳐 있던 공기가 열차가 터널 밖으로 빠져나가는 순간 급속도로 팽창하면서 천둥처럼 울리는 굉음이 났다. 이 소리는 먼 거리까지 울려퍼졌기 때문에 인근 주민들에게 고통을 안겨주었다.

탄환열차 전문가들은 소음 문제 해결 방안을 궁리한 끝에 물총새에서 해답을 찾았다. 영국에서 일본까지 서식지가 널리 분포된 물총새는 물가에 살면서 물고기를 주식으로 한다. 몸길이가 17센티미터 정도인 이 새는 하루에 50마리의 물고기를 잡아먹기 위해 빠른 속도로 물속에 뛰어든다. 물총새가 입수할 때 물방울이 튀어오를 법한데 잔물결조차 일어나지 않는다. 물총새의 길고 끝이 약간 뾰족한 부리

◆ 물총새

때문이었다. 탄환열차 전문가들은 신칸센 열차의 앞부분을 물총새의 부리처럼 만들어서 소음 문제를 해결하는 데 성공했다.

　1969년 첫 비행을 한 콩코드는 영국과 프랑스가 공동으로 개발한 세계 최초의 초음속 여객기이다. 고도 2만 미터 상공에서 마하 2, 곧 음속의 2배로 비행하는 콩코드의 몸체는 펠리컨의 모습을 본떠 설계된 것으로 알려졌다.

　호숫가나 해안에 서식하는 펠리컨은 얕은 물에 부리를 넣어 작은

◆ 물총새의 부리를 본뜬 탄환열차의 앞부분

물고기나 새우 따위를 빨아삼킨다. 땅 위에서는 몸을 세워 양쪽 다
리로 번개처럼 빨리 걸어다닌다. 위급한 상황이 되면 제자리에서 바
로 날지 못하고, 무리를 지어 날개를 펴고 마치 비행기가 활주하는
것처럼 수면을 한참 뛰어 일제히 하늘로 날아오른다. 긴 부리와 함
께 부리 밑에 달려 있는 큰 주머니가 특징이다.

  콩코드의 앞부분은 공기의 저항을 적게 받도록 하기 위해서 펠리
컨의 부리처럼 끝이 뾰족하고 길게 꼬부라져 있다. 이처럼 공기저항

◆ 펠리컨(위)과 콩코드 여객기

◆ 거북복(왼쪽)과 메르세데스벤츠 자동차

을 고려해서 최대한 날렵하게 만들다 보니 여객기의 머리 부분이 가늘고 좁아져 승객 정원이 100명에 불과했다.

1976년 5월 처음 취항했으나 소음과 배기가스에 의한 대기 오염, 과다한 연료 소비, 높은 항공 운임 등의 문제로 1979년 생산이 중단되었다. 더욱이 2000년 7월 프랑스의 국제공항에서 이륙하다가 화재가 발생하여 탑승자 113명 전원이 사망하는 사고가 발생했다. 결국 2003년 11월 콩코드는 마지막 비행을 하고 자취를 감추었다.

2005년 자동차 브랜드인 메르세데스벤츠가 거북복을 본떠 설계한 미래형 자동차를 선보였다.

일본, 필리핀, 남아프리카 등지에 사는 열대어 거북복은 머리가 작고, 주둥이가 돌출되어 있으며, 외피는 딱딱한 갑판으로 덮여 있다. 몸 빛깔은 황금색이며 눈동자 크기의 작은 점이 흩어져 있다. 거북복의 몸체는 각이 지고 매끈한 유선형도 아니지만 물속에서 날렵하여 수압을 최소한으로 받는 것으로 밝혀졌다. 또한 거북복은 몸 전체로 만들어내는 소용돌이 덕분에 수류의 저항을 받지 않고 최소한의 힘으로 파도를 헤쳐나가며 자유자재로 헤엄칠 수 있다. 요컨대 거북복의 외피는 갑옷처럼 견고할 뿐만 아니라 기동력 측면에서도 이상적인 조건을 갖추고 있다.

이러한 거북복의 특성을 자동차에 적용하면 차체 구조와 공기역학적 특성이 우수한 자동차를 만들 수 있을 것이다. 메르세데스벤츠 기술진은 거북복의 외형을 본떠 만든 자동차를 연료 절약과 환경친화적인 측면에서 가장 이상적인 미래 자동차의 설계 개념으로 소개하여 생물모방의 중요성을 일깨워주었다.

# 상어, 돛새치 그리고
전신수영복

　　2000년 시드니올림픽에서 전신수영복을 입은 선수들이 금메달 33개 중에서 28개를 휩쓸어갔다. 전신수영복은 상어의 지느러미를 모방해서 만든 것으로 밝혀졌다. 이 수영복은 손으로 만지면 조금 거칠게 느껴지는 미세돌기로 덮여 있다.

　　상어는 바닷물 속에서 시속 50킬로미터로 헤엄칠 수 있다. 이는 어지간한 구축함보다 빠른 속도이다. 상어의 피부는 매끄러울 것 같아 보이지만 지느러미의 비늘에는 삼각형의 미세돌기들이 돋아나 있다. 10~100마이크로미터 크기의 미세돌기는 조개나 굴보다 훨씬 작아서 손으로 만지면 모래가 붙은 사포砂布 정도의 감촉으로 겨우 느껴질 정도이다. 이러한 돌기는 대개 물속에서 주위에 불규칙한 흐름, 곧 와류를 생기게 하므로 매끄러운 면에 비해 저항을 증가시키는 것으로 알려졌다.

　　그러나 1980년 미국 과학자들은 상어 지느러미의 비늘에 있는 미세돌기들이 오히려 저항을 감소시킨다는 사실을 밝혀냈다. 작은 돌기들이 물과 충돌하면서 생기는 작은 소용돌이가 상어 표면을 지나

◆ 상어의 피부 표면

가는 큰 물줄기 흐름으로부터 상어 표면을 때어놓는 완충제 역할을 하기 때문에 물과 맞닿는 표면의 마찰력이 최소화되어, 결국 물속에서 저항이 감소되므로 상어가 빠른 속도로 물속을 누비고 다닐 수 있다는 것이다. 상어 비늘이 일으키는 미세한 소용돌이가 표면 마찰력을 5퍼센트나 줄여준다.

상어 지느러미 표면의 돌기 구조를 모방한 전신수영복에는 상어 비늘에 달려 있는 삼각형의 미세돌기 같은 것들이 붙어 있다. 이처럼 수영복 표면을 약간 거칠게 만들면 선수 주위에서 빙글빙글 맴도는 작은 소용돌이를 없애주기 때문에 100미터 기록을 0.2초 정도 단축시킬 수 있다고 한다. 0.01초를 다투는 수영 신기록 경쟁에서는 이만저만한 시간 단축이 아닐 수 없다.

◆ 전신수영복

인공 상어 비늘은 항공기 회사의 비행기 날개에도 활용되고 있다. 서울대학교 기계항공공학부의 최해천 교수는 1992년 인공 상어 비늘을 비행기 날개에 붙이면 최대 8퍼센트까지 공기저항을 줄일 수 있다는 연구 결과를 내놓았다.

물속에서 상어보다 수영 속도가 앞서는 물고기는 한둘이 아니다. 황새치, 다랑어, 범고래, 돛새치 등이 상어보다 빠른 것으로 나타났다. 바다에서 가장 빠른 물고기로 여겨지는 돛새치는 바닷물 속에서 상어보다 두 배 이상 빠른 최대 시속 110킬로미터라는 경이적인 속

◆ 돛새치

도로 헤엄을 친다. 돛 모양의 등지느러미가 달린 돛새치는 주둥이가 둥근 창 모양이며 몸길이는 3~4미터이다.

돛새칫과의 일종인 청새치는 1954년 어니스트 헤밍웨이 Ernest Hemingway, 1899~1961에게 노벨상을 안겨준 중편소설《노인과 바다 The Old Man and the Sea》(1952)로 널리 알려졌다. 청새치는 어부인 노인이 바다에 나가서 낚시로 잡은 뒤 상어에게 몽땅 뜯겨버린 바로 그 물고기이다.

돛새치가 공기보다 훨씬 저항이 큰 물속에서 경이적인 속도로 헤엄칠 수 있는 까닭은 여느 물고기와는 다른 형태와 피부 구조 때문이다. 최해천 교수는 돛새치의 피부 구조를 모방하여 마찰저항의 한계를 극복하는 연구를 진행하고 있다.

# 벼룩과 잠자리의
# 고무 단백질

벼룩은 자신의 몸길이보다 수십 배나 높이 뛰어오를 수 있다. 잠자리는 상하좌우로 자유롭게 날아다니면서 1초에 30회나 날갯짓을 한다. 매미는 귀청이 터질 것처럼 큰 울음소리를 낸다.

벼룩의 뜀뛰기, 잠자리의 비행술, 매미의 울음처럼 대부분의 곤충들에 의해 이루어지는 반복행동은 레실린resilin 이라는 단백질 덕분에 가능하다. 1958년 7월 덴마크의 동물학자인 토켈 와이스-포그Torkel Weis-Fogh, 1922~1975 는 곤충의 비행을 연구하던 도중에 메뚜기 날개의 표피 안에서 고무처럼 탄력성이 뛰어난 단백질을 발견하고 레실린이라고 명명했다.

잠자리가 쉴 새 없이 날갯짓을 해도 날개가 손상되지 않는 이유는 몸통과 날개가 연결된 부분이 레실린으로 구성되어 있기 때문이다.

벼룩이 엄청나게 높이 뛰어오를 수 있는 까닭은 다리 근육에 레실린이 많이 있기 때문이다. 벼룩이 뛰어오르려고 다리를 움츠리면 레실린은 다리 근육에 압축되어 있다가 1,000분의 1초 만에 다시 원상

◆ 잠자리

태로 돌아오면서 압축된 에너지를 한꺼번에 내보내기 때문에 자신의 몸길이보다 수십 배나 높이 뛰어오를 수 있는 것이다.

레실린은 원래 길이보다 세 배 가까이 늘어나도 끊어지지 않을 정도로 탄성이 뛰어나고, 한 번 뜰 때 손실되는 에너지가 3퍼센트에 불과한 고무 단백질이다. 이처럼 신축성이 뛰어난 물질을 모방하면 탄성이 좋은 새 물질을 만들 수 있다.

2001년 초파리에서 레실린을 합성하는 유전자가 발견되었다. 호주의 크리스토퍼 엘빈Christopher Elvin은 초파리의 유전자를 대장균에 이식하여 레실린의 기본 구조가 되는 물질을 대량으로 합성하는 데 성공했다. 2005년 《네이처》 10월 13일자에 엘빈의 연구 결과가 실렸다.

인공 레실린은 의학 분야에서 인체 이식용 물질로 활용된다. 동맥 내벽에 있는 탄성물질인 엘라스틴elastin이 손상될 때 이를 대체할 수 있고, 환자의 척추 디스크도 대신할 수 있다. 운동선수의 신발에도 물론 활용된다.

# 거미줄로
# 총알을 막아낸다

누에의 명주실(견사)은 기원전 2600년 중국에서 비단옷의 재료로 사용되기 시작했지만, 거미가 분비하는 견사 silk 는 20세기 후반부터 대량 생산 기술이 연구되었다.

거미의 실크를 활용하려는 시도는 고대 그리스 시대부터 시작되었다. 그리스인들은 상처의 출혈을 멈추기 위해 거미줄을 상처 부위에 대고 눌렀다. 뉴기니에서는 낚싯줄이나 고기잡이 그물에 거미줄을 꼬아 넣었다. 남태평양에 소재한 바누아투군도의 원주민들은 담배나 화살촉의 쌈지를 만들 때는 물론이고, 심지어는 간통한 여인네를 질식사시키기 위해 덮는 뚜껑의 재료로 사용했다.

1709년 프랑스 사람인 봉 드 생틸레르Bon de Saint-Hilaire, 1678~1761 는 거미줄로 양말과 장갑을 짜서 황제에게 헌정하고, 1710년 프랑스 학술원에 논문을 제출했으나 채택되지 못했다. 과학자들은 1파운드(약 454그램)의 실크를 분비하기 위해 암컷 거미가 27,468마리 필요하다고 판단했기 때문이다. 그러나 중국 황제는 이 논문의 복사본을 요청해서 거미실크 연구에 착수했다. 1876년 중국 황제는 영국 여왕에

◆ 거미

◆ 거미는 방적돌기를 통해서 몸 밖으로 거미줄을 뽑아낸다.

게 거미실크로 짠 속옷 한 벌을 선물했다.

누에와 달리 민첩한 거미를 사육하는 어려움은 별개로 치더라도, 거미줄이 너무 가늘어서 옷감의 재료로는 애당초 부적합하다고 여겨졌다. 어미거미의 경우 1분에 150∼180센티미터의 실크를 분비한다. 따라서 5,000마리의 거미가 수명이 다할 때까지 뽑아내는 실을 모두 합쳐야 겨우 옷 한 벌을 짤 수 있다. 말하자면 경제성의 측면에서 거미의 실크는 사용가치가 없었던 것이다.

그러나 거미실크가 지닌 보기 드문 특질은 끊임없이 과학자들의 관심을 사로잡았다. 거미실크는 주로 단백질로 이루어진 물질인데, 아침이슬을 받아 반짝이는 거미줄을 보면 금방 끊어질 듯이 약해 보인다. 하지만 같은 무게로 견줄 때 강철보다 20배나 질기고, 방탄복 소재인 케블라Kevlar 섬유보다 네 배나 강하다. 게다가 나일론의 두 배, 케블라보다 여덟 배 더 늘어날 정도로 탄력적이다. 또한 높은 온도에서 불안정하지 않고, 방수 기능이 있으며, 인체에서 면역거부반응을 일으키지 않기 때문에, 자연에서 생산되는 최고의 생물재료로 여겨졌다.

거미는 거미줄 단백질이 모여 있는 실샘으로부터 긴 관을 거쳐 방적돌기(실이 나오는 구멍)를 통해서 몸 밖으로 고체 상태의 거미줄을 뽑아낸다.

거미가 다양한 형태의 집을 설계하고, 놀라운 특성을 지닌 실크를 손쉽게 만들어내게 된 것은 지구상에 출현한 이후 3억 8,000만 년 동안 후미진 곳에 보금자리를 지어놓고 먹이를 사로잡는 과정에서 터득하고 완성한 비법의 결과이다. 현존하는 거미실크 중에서 가장 오래된 것은 2003년 레바논의 호박琥珀에서 발견되었다. 1억 2,000만

년 전의 거미실크로 추정된다.

거미줄의 신비스러운 특성에 관심을 갖고 본격적인 연구에 처음으로 착수한 기관은 미국의 육군이다. 1960년대 말엽에 과학자들은 낙하산이나 방탄조끼 등 군사장비에 사용될 합성섬유를 개발하는 과정에서 거미실크가 매우 적합한 재료임을 확신하게 된 것이다.

초창기에 두각을 나타낸 전문가는 미국 와이오밍대학의 랜디 루이스Randy Lewis이다. 루이스는 주먹 크기만 한 거미를 직접 사육하면서 드래그라인dragline 실크를 연구했다. 드래그라인 실크는 거미집을 지탱해주는 버팀 노릇을 함과 아울러 거미가 공중에서 아래로 안전하게 내려올 수 있도록 통로 역할을 하는 일종의 생명줄이다. 이 실크는 매우 튼튼하여 한 가닥이 그 자체의 무게로 끊어질 때까지 80킬로미터 가까이 늘어날 뿐만 아니라, 지구를 한 바퀴 돌 정도의 길이로 늘일 경우에 필요한 한 가닥 실의 무게가 고작해야 약 425그램에 불과하여 집중적인 연구 대상이 되고 있다. 1989년 루이스는 드래그라인 실크를 만드는 유전자를 찾아냈다. 이를 계기로 거미줄을 대량 생산하는 방법이 다각도로 연구되었다.

1999년 캐나다에서 거미실크의 단백질을 합성하는 유전자를 염소의 유방 세포 안에 넣어서 염소가 젖으로 거미줄 단백질을 대량으로 분비하게 만드는 작업에 성공했다. 강철 못지않은 생물재료라는 의미에서 이 인공 실크를 생물강철BioSteel이라고 명명했다. 이를테면 생물강철을 생산하는 염소가 나타난 셈이다.

2001년 미국에서 거미실크 유전자를 담배와 감자의 세포 안에 삽입하여 식물의 잎에서 거미줄 단백질이 나오도록 하기도 했다.

거미줄의 생산 공장으로 가장 유망한 것은 흥미롭게도 누에이다.

◆ 암컷 거미 100여만 마리로부터 실크를 얻어 80여 명이 4년에 걸쳐 가로 3.3미터, 세로 1.2미터 크기의 천을 만들었다. (출처 : 2009년 미국 자연사박물관 전시 홍보물)

거미실크의 유전자를 누에의 명주실을 분비하는 조직에 집어넣으면 결국 누에가 거미줄을 대량으로 합성하게 될 것이라는 발상이다. 미국에서 이러한 방법으로 누에의 명주실보다 훨씬 강한 거미실크를 만드는 데 성공했다.

2010년 카이스트 생명화학공학과의 이상엽 교수는 서울대학교 농대의 박영환 교수와 함께 거미실크 유전자를 대장균에 집어넣어 세계 최초로 고강도의 거미실크 단백질을 합성하는 데 성공했다. 연구 결과는 《미국 국립과학원회보PNAS》 7월 26일자에 발표되었다.

인공 거미줄이 대량으로 생산되면 예상되는 용도는 한두 가지가 아니다. 2009년 미국의 생명공학자인 데이비드 캐플런David Kaplan은 거미실크로 사람 눈의 각막을 개발했다. 인공 각막과 인공 힘줄에서부터 화상을 입은 피부를 감싸거나 외과수술 부위를 봉합할 때의 재료에 이르기까지, 의료 부문에서의 쓰임새가 다양할 전망이다.

거미실크가 의료용으로 주목받는 이유는 인체에서 면역거부반응과 알레르기를 일으키지 않기 때문이다. 따라서 체내에 이식하는 인공 장기, 예컨대 심장의 판막이나 혈관의 둘레에 입히는 재료로 안성맞춤인 것으로 여겨진다.

인공 거미줄은 방탄복이나 낙하산, 심지어 항공모함에서 비행갑판을 지나치는 비행기를 붙잡는 데 쓰이는 안전망까지, 군사용품에 널리 사용될 수 있다. 현수교懸垂橋를 공중에 매달 때 강의 양쪽 언덕을 건너지르는 사슬의 재료로도 쓰일 것 같다.

한편 2009년 9월 미국 뉴욕의 자연사박물관에 야생 거미의 실크로 만든 황금빛 천이 전시되어, 단일 품목으로는 최대의 관람객이 몰려드는 신기록을 수립했다. 가로 3.3미터, 세로 1.2미터 크기의 이 옷감은 4년 동안 80여 명이 투입되어, 아프리카 마다가스카르섬의 전화선 전주에 집을 짓고 사는 황금무당거미 암컷 100여만 마리로부터 얻어낸 실크로 만든 것이다. 영국의 섬유 전문가와 미국의 사업가가 함께 추진한 사업으로, 세인의 관심사가 되었다.

2012년 1월부터 4개월 동안 영국 런던의 빅토리아앨버트박물관에서 거미실크로 만든 어깨망토를 전시하여 눈길을 끌었다. 여성 모델

◆ 2012년 1월부터 영국 런던 빅토리아앨버트박물관에 거미실크로 만든 어깨망토가 전시되었다. 거미실크 어깨망토를 걸친 여성 모델.

이 걸쳐입는 모습도 공개되었다. 세계에서 가장 큰 거미실크 의상인 이 망토는 2009년 뉴욕에서 전시된 바 있는 금빛 천으로 만든 것으로 알려졌다.

머지않아 인공 거미줄이 대량 생산되면 누에의 견사로 만든 비단 옷처럼 고급스러운 거미실크옷을 걸친 여성들이 거리를 활보하게 될 것임에 틀림없다.

# 전복 껍데기와
# 장갑차

세계 곳곳의 얕은 바다에 서식하는 전복은 커다란 점착성 발로 바위에 붙어사는 연체동물이다. 전복 껍데기는 망치로 때려도 쉽게 깨지지 않을 정도로 단단하다. 전복 껍데기가 그렇게 강한 이유를 밝혀낸 사람은 미국의 재료과학자인 앤절라 벨처 Angela Belcher 이다.

전복 껍데기의 구성성분은 탄산칼슘이 95퍼센트이고 나머지 5퍼센트는 점성 단백질이다. 탄산칼슘은 석회석의 주성분이다. 탄산칼슘으로 만든 분필은 쉽게 가루가 되지만 전복 껍데기는 갑옷처럼 충격을 잘 견딘다.

1996년 벨처는 《네이처》 5월 2일자에 발표한 논문에서, 부스러지기 쉬운 탄산칼슘으로 단단한 전복 껍데기가 만들어진 이유는 특유의 구조 때문이라고 설명했다. 전복 껍데기는 벽돌과 진흙 구조를 갖고 있다. 탄산칼슘이 벽돌, 단백질이 진흙인 셈이다. 이들은 나노미터 크기이다.

탄산칼슘으로 이루어진 벽돌은 두 가지 유형이 번갈아가면서 나

◆ 전복 껍데기. 탄산칼슘 벽돌과
단백질 진흙 구조로 만들어졌다.

타난다. 하나는 껍데기 바깥쪽에, 다른 하나는 안쪽에 있다. 바깥쪽
에는 껍데기 면과 수직으로 정렬된 기둥 모양의 벽돌이 서 있고, 안
쪽에는 이 기둥 벽돌들과 수직 방향으로 얇은 합판 모양의 벽돌이
쌓여 있다. 다시 말해 전복 껍데기는 두께가 나노미터 크기인 탄산
칼슘 벽돌이 번갈아가면서 서로 다르게 쌓여 있는 셈이다. 두 가지
유형의 나노 벽돌은 각각 다른 방향의 충격에 강하기 때문에, 전복
껍데기는 어떤 방향의 힘에도 쉽게 깨지지 않는 것이다.

1999년 벨처는《네이처》6월 24일자에 전복 껍데기가 외부의 충
격에 강한 이유는 단백질에도 있다는 연구 결과를 발표했다. 탄산칼

슘 벽돌 사이에는 10나노미터 이하의 얇은 단백질이 있다. 이 단백질은 탄산칼슘 벽돌을 단단히 묶어주는 접착제 역할을 한다. 단백질이 진흙처럼 탄산칼슘 벽돌 사이의 틈을 메우기 때문에 외부의 충격을 잘 견뎌낼 수 있는 것이다.

탄산칼슘과 단백질로 이루어진 나노 복합재료인 전복 껍데기 속에 숨겨진 특유의 구조를 본떠서 방탄 소재가 개발되고 있다. 갑옷 같은 전복 껍데기를 모방하여 만든 외장을 씌운 장갑차나 탱크가 싸움터를 누비게 될 날도 머지않은 것 같다.

# 모르포나비, 오팔 그리고 구조색

1987년 두 명의 물리학자가 빛을 전류처럼 마음대로 제어하는 장치를 만들 수 있다는 이론을 제안했다. 미국의 엘리 야블로노비치Eli Yablonovitch, 1946~와 캐나다의 새지브 존Sajeev John, 1957~이다.

빛은 파동과 입자의 두 가지 성질을 갖고 있다. 파동의 성질로 보면 빛은 전자기파에 해당하고, 입자의 성질로 보면 빛은 광자라고 불린다.

전자기파는 서로 직각을 이룬 채 진동하는 전기장과 자기장이 합쳐서 된 것이다. 모든 종류의 전자기파를 통틀어 '전자기파 스펙트럼'이라고 부른다. 전자기파 스펙트럼은 주파수가 가장 낮은 전파에서부터 주파수가 가장 높은 감마선까지 펼쳐진다. 우리 눈으로 물체를 볼 수 있도록 해주는 가시광선, 곧 빛은 전자기파 스펙트럼에서 중간 정도에 있는 좁은 영역을 차지한다. 요컨대 가시광선은 전파보다 주파수가 높지만 감마선보다는 낮은 주파수를 갖는다. 이러한 파동으로서의 빛을 광선이라 부른다.

1905년 알베르트 아인슈타인Albert Einstein, 1879~1955은 빛이 전파되는 동안 작은 에너지 다발이 존재한다고 제안했다. 빛이 광자(광양자)라는 에너지 입자들의 연속된 운동이라고 주장한 것이다. 이러한 입자로 보았을 때 빛을 광자라고 부른다.

엘리 야블로노비치와 새지브 존은 제각각 광자의 움직임을 제어하는 장치를 개발하기로 하고, 그 장치를 광결정photonic crystal이라고 명명했다. 광결정은 특정 파장의 빛만을 반사시키고 나머지는 흩어지게 하는 나노 구조의 결정이다. 1991년 광결정 개발에 최초로 성공한 사람은 야블로노비치이다. 4년간의 노력 끝에 만들어진 광결정은 그의 이름을 따서 야블로노바이트Yablonovite라고 불린다.

1990년대에 자연에는 수백만 년 동안 몸에 지닌 나노 크기의 광결정 구조를 사용하여 빛을 처리하는 생물이 존재한다는 사실이 밝혀졌다. 이들은 남아메리카의 열대우림에 서식하는 나비들과 어두컴컴한 바다 밑바닥에 살고 있는 바다생쥐들이다. 이러한 생물은 훈색暈色, iridescence이라 불리는 광특성을 보유하고 있다. 훈색은 보는 각도에 따라 색이 달라지게 하는 빛을 뜻한다. 다시 말해 훈색은 입사각의 변화에 따라 색의 연속적인 변화를 일으키는 물질의 표면 또는 내부에서 일어나는 빛의 간섭현상을 가리킨다.

훈색은 일상생활에서도 많이 볼 수 있는 빛의 특성이다. 예컨대 콤팩트디스크, 크레디트카드, 비눗방울에서 훈색 현상이 나타난다. 자연에서는 무지갯빛, 공작새 깃털, 물총새, 무지개송어, 남아메리카에 사는 모르포Morpho나비, 보석인 오팔opal에서 이런 현상을 볼 수 있다.

훈색은 구조색structural colour에 의해 발생하는 것으로 밝혀졌다. 무지개처럼 색소가 섞이지 않은 무색의 물질이 색깔을 나타내는 현상

◆ 공작새의 깃털

을 구조색이라 이른다. 물감에 의한 색은 어느 방향에서 보더라도 항상 같은 색으로 보이지만, 구조색은 보는 방향에 따라 색깔이 조금씩 달라진다.

구조색을 나타내는 모르포나비의 날개는 눈이 부실 정도로 환한 푸른색을 띠고 있다. 물론 나비 날개에는 아무런 색소도 들어 있지 않다. 그럼에도 불구하고 푸른색을 내는 까닭은 날개 표면을 덮고 있는 비늘이 광결정과 비슷하게 푸른색의 빛만 반사시키고 다른 색의 빛은 모두 흡수하기 때문인 것으로 밝혀졌다. 모르포나비의 비늘은 나노미터 크기의 독특한 구조로 되어 있다.

모르포나비의 구조색 기능을 흉내내 만든 직물이 이미 나와 있다. 일본 기업이 내놓은 모르포텍스 Morphotex 는 염료나 안료를 일절 사용하지 않고 제조되었지만, 빛이 어떻게 비치는가에 따라 빨간색이나

◆ 모르포나비

◆ 오팔

보라색 또는 초록색으로 색깔이 바뀐다. 모르포텍스는 나노기술을 이용하여 모르포나비 날개의 비늘을 본떠 만든 것이다.

윌리엄 셰익스피어William Shakespeare, 1564~1616는 변덕스러운 인간의 마음을 오팔에 빗대 '그대의 마음은 오팔'이라고 표현했다. 오팔은 보는 방향에 따라 영롱한 색깔이 다르게 보이기 때문에 그런 표현을 할 법도 하다.

오팔은 자연석으로 채광되는 광물로, 표면에는 공 모양의 이산화규소(실리카)가 규칙적으로 배열되어 있다. 오팔 표면의 실리카는 지름이 150~300나노미터인 공이다. 이러한 실리카공은 3차원 광결정 구조를 이룬다. 실리카공이 배열된 크기와 방향이 다르기 때문에 오팔 표면의 나노 구조가 특정한 색만을 반사시키고 다른 색은 흩어지게 되는 것이다.

오팔의 구조는 1964년에야 뒤늦게 발견되었다. 단순한 구조 때문에 곧장 오팔의 합성이 시도되었다. 1974년 프랑스에서 인조 오팔이 처음으로 생산되었다.

한편 나노미터 크기의 실리카공을 오팔과 정반대로 배열하는 이른바 역오팔inverse opal도 개발되었다. 2002년 캐나다의 제프리 오진Geoffrey Ozin이 처음으로 역오팔을 개발했다. 역오팔은 오팔에서와는 달리 실리카가 배열되어 있는 부분이 빈 공간으로 바뀌고, 빈 공간이었던 곳에 실리카를 채우는 것이다. 역오팔 역시 광결정 구조를 갖는다. 또한 역오팔 구조를 갖는 표면은 나노 크기의 돌기로 덮여 있어서 연잎 효과를 나타내는 것으로 밝혀졌다. 영롱한 색을 띠며 물에도 젖지 않기 때문에, 역오팔을 만드는 기술은 자동차의 바퀴나 각종 플라스틱 제품의 코팅에 활용되고 있다.

# 거미불가사리와 해면의
# 광통신 기술

바다 밑바닥에 사는 무척추동물인 거미불가사리는 지름이 2센티미터쯤 되는 원반 모양의 몸통에 길이가 6센티미터쯤 되는 가느다란 팔 다섯 개가 별 모양으로 뻗어 있다. 길이의 세 배까지 늘어나는 팔은 쉽게 끊어지긴 하지만 곧 재생한다. 하나 이상의 팔을 물이나 진흙 위로 뻗쳐 먹이를 잡고 나머지 팔은 닻으로 사용한다.

거미불가사리는 팔의 아랫면에 있는 관족管足 과 옆에 있는 가시로 이동한다. 관족은 빛과 냄새를 감지하는 감각기관 역할을 한다. 관족에는 빛에 민감하게 반응하는 초소형 렌즈가 수없이 많이 달려 있기 때문이다.

2001년 미국의 조애나 아이젠버그Joanna Aizenberg 는 《네이처》 8월 23일자에 거미불가사리의 렌즈를 연구한 결과를 발표했다. 러시아 태생인 아이젠버그는 박사학위를 취득하고 1991년 미국으로 건너와서 세계적인 연구 성과를 내고 있는 여성 생명공학자이다.

거미불가사리의 몸통과 팔을 연결하는 부위의 표면에는 탄산칼슘으로 이루어진 렌즈가 무수히 박혀 있다. 볼록한 돋보기처럼 생긴 렌즈 하나의 크기는 100분의 1밀리미터 이하로, 사람 머리카락 굵기의 5분의 1밖에 안 된다. 이 렌즈는 밖으로부터 오는 빛을 모아서 50배 이상 증폭하여 시각신경으로 전달한다.

◆ 거미불가사리

이 렌즈 덕분에 거미불가사리는 깊은 바닷속에서 낮은 물론 밤에도 아주 작은 빛까지 감지할 수 있으므로, 어떠한 상황에서도 적의 접근을 사전에 신속히 탐지할 수 있다. 이 렌즈로 심지어 동물의 그림자까지 볼 수 있어 큰 물고기가 나타나면 재빨리 도망갈 수 있다.

아이젠버그는 거미불가사리의 렌즈가 사람의 기술로 만든 렌즈보다 훨씬 작으면서도 정확하게 빛에 초점을 맞추고 특정 방향에서 오는 빛을 감지하는 기능이 완벽한 생물렌즈이기 때문에, 이 기술을 모방하여 활용하면 초고속의 광통신망이나 고성능의 광컴퓨터를 개발할 수 있다고 확신한다.

아이젠버그는 해면 연구에서도 세계적인 전문가로 인정받고 있다. 깊은 바다 밑바닥에 사는 해면은 이동기관이 없어 식물로 여기기 쉽지만 플랑크톤을 먹고 사는 동물이다. 해면은 자신의 몸 안을 통과하는 물속에서 플랑크톤을 걸러낸다. 따라서 해면을 통과한 물은 깨끗해지므로, 해면은 일종의 정수기 역할을 한다고 볼 수 있다.

◆ 해면

해면은 유리로 만들어진 가느다란 수염에 의해 바다 바닥에 붙어 있게 된다. 해면은 이 수염으로 바다 바닥으로부터 빛을 수집하여 이것을 다른 해면에게 반사한다. 이를테면 해면의 수염은 거의 완벽한 광섬유이다. 광섬유는 광통신에 사용되는 유리섬유이다. 광통신은 광섬유를 사용하여 음성, 영상, 데이터 등 많은 용량의 정보를 장거리에 전송하는 통신 방식이다. 요컨대 해면은 광통신 능력을 갖고 있는 셈이다.

해면은 몸길이가 45센티미터 정도인데, 수염의 유리섬유는 길이가 5～20센티미터, 굵기는 사람의 머리카락과 비슷하다. 해면의 수염은 사람이 만든 광섬유보다 빛을 더 잘 전달하는 것으로 밝혀졌다.

해면의 유리섬유는 광섬유와 같은 물질로 만들어져 있지만, 단 한 가지가 다른 것으로 밝혀졌다. 해면의 수염 내부에 있는 특수 단백질이다. 2004년 아이젠버그는 《미국 국립과학원회보》3월 9일자에 실린 논문에서, 해면 유리섬유의 단백질을 활용하면 광통신 기술을 향상시킬 수 있다는 연구 결과를 내놓았다.

# 솔방울을 본뜬
# 운동복

솔방울은 소나무에서 땅으로 떨어지는 순간 껍데기가 열리면서 안에 있는 씨앗이 밖으로 튕겨져 나온다. 솔방울이 열리는 까닭은 솔방울 껍데기가 습도에 따라 다르게 반응하는 두 개의 물질로 만들어져 있기 때문이다.

비가 오거나 서리가 내려 껍데기가 축축해질 경우, 바깥층의 물질이 안쪽 물질보다 좀 더 신속히 물을 흡수하여 부풀어오르기 때문에 솔방울이 닫히게 된다. 그러나 기온이 올라가 껍데기가 건조해지면, 바깥층의 물질에서 수분이 빠져나가면서 구부러지기 때문에 솔방울이 열리게 된다. 이처럼 건조한 시기에는 솔방울이 열리기 때문에 씨앗이 튀어나와서 바람에 실려 멀리 퍼져나가게 된다.

솔방울 껍데기의 두 물질이 서로 다른 속도로 온도나 습도에 반응하는 특성을 모방해서 옷이나 건설 자재를 개발하고 있다.

2004년 영국의 생물모방 전문가인 줄리언 빈센트 Julian Vincent 는 솔방울을 본뜬 옷을 개발했다. 옷에 날개처럼 펄럭이는 작은 천을 여러 개 달아놓은 운동복이다. 이 옷을 입으면 땀을 흘릴 때는 작은 천

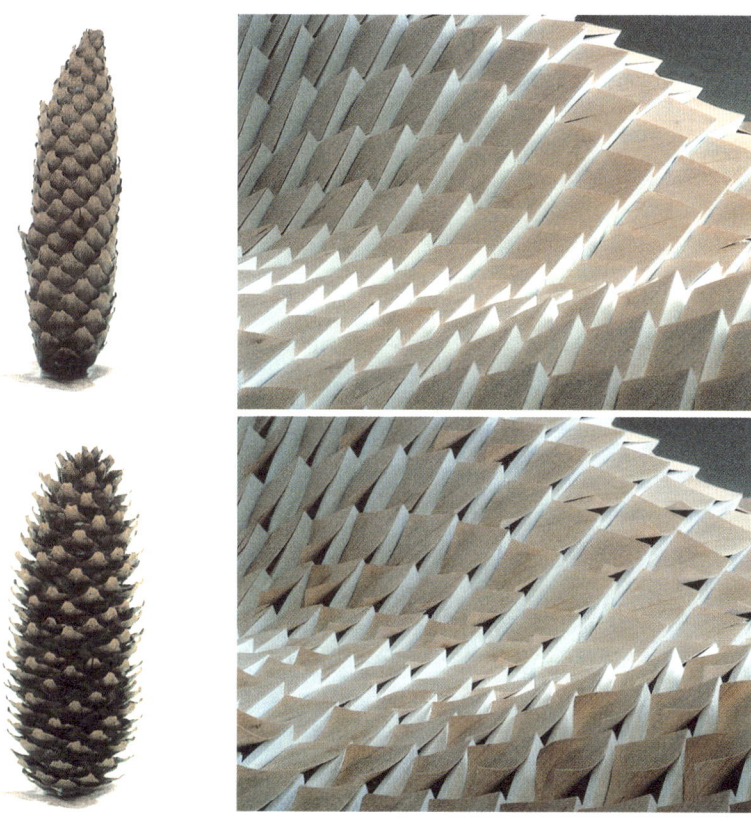

◆ 솔방울　　　　　　　　　　　　　　　◆ 두 장의 베니어로 만든 합판

들이 열려 피부가 서늘해지고, 땀이 말라 피부가 냉각되면 작은 천
들이 다시 닫히게 된다.

　두 장의 베니어로 만든 건설용 합판도 개발되었다. 이 합판은 주위
의 습도 변화에 따라 열리기도 하고 닫히기도 하기 때문에, 건물의 외
벽 표면에 부착하여 실내 온도를 조절하는 자재로 사용될 수 있다.

# 혹등고래와
# 풍력발전

　　　　　모든 고래 중에서 재주를 가장 잘 부리는 것은 혹등고래이다. 머리와 턱에 혹이 있으며, 성체는 뚱뚱한 체구에 몸길이가 12~15미터, 몸무게는 36톤 정도 된다. 모든 주요 대양의 해안을 따라 서식하며, 여름에는 차가운 극지방의 해안으로 가고, 겨울에는 번식을 위해 열대나 아열대의 바다로 이동한다.

　혹등고래의 주요한 특징은 복잡한 노랫소리와 길고 가는 가슴지느러미이다. 혹등고래는 모든 고래 가운데 소리를 가장 잘 내는데, 그 소리들은 노래처럼 들리며 5~35분 동안 계속된다. 혹등고래의 지느러미는 비행기 날개처럼 단면이 위로 볼록한 모양인데, 혹처럼 생긴 돌기가 20여 개 나 있다. 이 지느러미의 돌기들이 일종의 소용돌이를 일으키기 때문에 혹등고래가 물속에서 오래 떠 느린 속도로 더 잘 이동할 수 있다는 사실이 밝혀졌다.

　혹등고래의 지느러미를 본떠 풍력발전에 활용하는 연구가 진행되고 있다. 가령 풍차는 바람의 힘이 그 날개에 옮겨지기 때문에 돌아간다. 그러나 바람이 너무 빠르거나 너무 늦게 불면 풍차의 날개는

◆ 혹등고래의 지느러미에는 혹처럼 생긴 돌기가 있다.

더 이상 움직이지 않는다. 풍력 터빈이 바람의 속도가 낮을 경우에도 지속적으로 회전할 수 있도록 하기 위해서 혹등고래의 지느러미를 본뜨게 된 것이다. 혹등고래는 지느러미의 전면에 있는 돌기들 덕분에 멈추지 않고 잘 이동할 수 있기 때문에, 이를 본떠서 풍력발전 터빈의 날개에 돌기를 달아주어 바람의 속도가 낮은 상태에서도 에너지를 발생할 수 있도록 한 것이다. 이러한 방법으로 풍력발전량을 연간 20퍼센트까지 향상시킬 수 있는 것으로 나타났다.

# 인공 나뭇잎과
# 인공 광합성

모든 식물은 햇빛·물·이산화탄소를 사용하여 산소와 포도당을 만들어내고, 모든 동물은 그 산소와 포도당을 사용하여 이산화탄소·물·에너지로 다시 바꾼다.

식물은 햇빛 속에 들어 있는 에너지를 이용하여 물을 산소 분자와 수소 이온으로 분리한다. 산소 분자는 공기 중으로 배출되고, 수소 이온은 이산화탄소와 결합하여 포도당이 된다. 이러한 과정을 광합성이라 한다. 광합성은 '빛을 이용한 합성'을 뜻한다.

1946년 미국의 생물학자인 멜빈 캘빈Melvin Calvin, 1911~1997은 광합성이 일어나는 과정을 밝혀냈다. 그는 방사성 표시를 한 이산화탄소가 식물의 내부를 거치는 과정을 추적했다.

이 과정은 식물이 태양에너지를 흡수하면서 시작된다. 햇빛을 흡수하는 것은 엽록체라는 작은 기관에 있는 엽록소이다. 엽록체는 잎사귀의 녹색 조직세포 안에 함유된 색소체의 일종이다. 엽록체 안에는 녹색 색소인 엽록소, 등홍색의 카로틴, 황색의 엽황소가 들어 있다. 요컨대 광합성은 녹색식물의 엽록체가 빛에너지를 이용하여 공기 중에서 빨아들인 이산화탄소와 뿌리에서 흡수한 수분으로부터 탄수화물을 생성하는 과정이다. 이러한 엽록체의 작용을 탄소동화 작용이라고도 한다.

캘빈이 광합성의 기본 과정을 발견한 것이 계기가 되어 초록색 식물, 특히 지구의 허파라 불리는 열대우림의 중요성이 부각되었다. 하지만 열대우림은 아마존의 정글처럼 개발의 손길이 미치면서 활엽상록수가 빠른 속도로 사라지고 있다. 활엽수 한 그루는 맑은 날에 이산화탄소 1만 리터를 흡수하여 날마다 열 명이 필요로 하는 산소를 뿜어낸다. 나무 한 그루는 자신이 빨아들인 이산화탄소로부터 12킬로그램의 탄수화물을 생산한다.

생물모방 과학자들은 식물의 잎처럼 광합성 능력이 있는 인공 나뭇잎을 만들 궁리를 하고 있다. 인공적으로 식물의 잎을 만들어 인공 광합성을 일으켜보려는 것이다. 엽록체를 모방한 인공 엽록체를 개발하려고 애쓰는 것도 그런 이유에서이다.

아직까지 인공 광합성을 완벽하게 실현한 사례는 없다. 하지만 광합성의 일부 기능을 본뜬 인공 나뭇잎은 개발되고 있다. 2011년 미국 매사추세츠공과대학의 대니얼 노세라Daniel Nocera는《사이언스》11월 4일자에 인공 나뭇잎 연구 결과를 발표했다. 이 인공 나뭇잎은 식물의 광합성 중에서 물 분해 과정까지만 모방한 것이다.

노세라의 인공 나뭇잎은 태양전지 표면에 코발트 촉매가 발라져 있다. 태양전지가 햇빛을 받아 전기를 만들면 코발트 촉매는 이 에너지로 물을 분해하여 수소 이온을 만든다. 수소 이온은 결국 수소 기체가 된다. 요컨대 이 인공 나뭇잎은 햇빛으로 물을 분해하여 청정연료인 수소를 만드는 것이다.

인공 나뭇잎이 제대로 개발되면 가난한 나라의 사람들이 자신의 집에서 전기를 생산할 수 있을 것으로 전망된다. 주민등록증처럼 손바닥만 한 크기의 인공 나뭇잎을 물통에 집어넣고 햇빛에 쪼이기만 하면 누구나 전기를 생산할 수 있는 세상이 머지않은 것 같다.

◆ 열대우림

# 모기와
# 무통주사

주사맞는 것을 좋아하는 사람은 없다. 주삿
바늘이 피부 속으로 들어갈 때 통증을 유발하기 때문이다. 주삿바늘
이 아픈 이유는 원뿔 모양으로 생겼기 때문이다.

일본의 의료기기 회사에서는 아프지 않은 주사, 곧 무통주사를 개

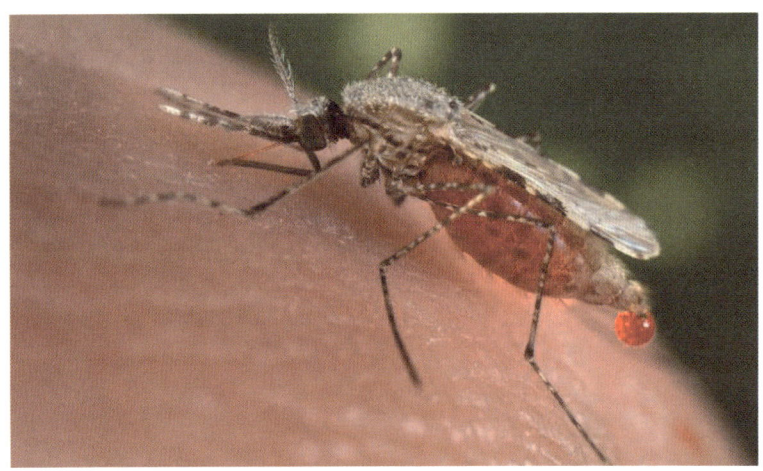

◆ 모기

발하기 위해 모기에 관심을 가졌다. 모기는 사람에게 아무런 고통도 주지 않고 피를 빨아먹는다는 사실에 주목한 것이다. 모기의 바늘은 주삿바늘보다 끝이 훨씬 가늘고 길게 생겼으며 점차 넓어지는 모양을 하고 있다. 모기의 바늘처럼 생긴 주삿바늘을 만들면 사람이 통증을 느끼지 않게 될 것임에 틀림없었다.

일본의 의료기기 전문가는 모기 주둥이의 모양을 본떠 끝이 점점 가늘어지는 주삿바늘을 만들고, 나노패스33Nanopass33 주삿바늘이라고 명명했다. 이 주삿바늘 끝은 지름이 0.2밀리미터로, 기존의 바늘보다 20퍼센트나 작다.

나노패스33은 2004년 특허 승인을 받았으며, 2005년 일본 산업디자인대회에서 대상을 받기도 했다. 아프지 않은 피하 주삿바늘의 표준이 된 나노패스33은 특히 날마다 주사를 맞아야 하는 당뇨병 환자들에게 인기가 높은 것으로 나타났다.

나노패스33은 자연에서 영감을 얻어 개발된 제품 중에서 벨크로에 이어 두 번째로 많이 사용되고 있는 것으로 여겨진다.

# 흡혈동물도
# 쓸모 있다

거머리, 십이지장충, 흡혈박쥐, 진드기. 이들은 사람과 동물의 피를 빨아먹고 사는 기생생물이다. 이러한 흡혈동물은 대략 4만 종에 이른다.

흡혈동물은 숙주의 몸에서 피가 빨리 흘러나오도록 자극하고, 빨아들인 피가 빨리 응고하지 못하게 하는 화학물질을 갖고 있다. 인류는 이러한 화학물질 때문에 아까운 피를 약탈당할 수밖에 없었다. 그러나 흡혈동물의 화학물질을 이용하여 신약을 개발하는 연구가 활발해졌다.

피가 응고하는 것을 막아주는 화학물질은 수요가 많은 약품이다. 왜냐하면 혈액이 굳어서 혈관 안에 생기는 피딱지(혈전)가 뇌경색이나 심장마비를 일으키기 때문이다. 가령 심장에 고여 있던 젤리 같은 피딱지가, 대동맥으로 빠져나와 뇌로 들어가는 뇌동맥을 막으면 뇌경색이 일어난다.

첫 번째 연구 대상은 거머리이다. 거머리는 가공할 흡혈 능력을 가지고 있다. 거머리는 사람의 피부에 상처를 낸 뒤 피를 빨아먹고, 침

◆ 흡혈박쥐

속에 혈액 응고 방지 물질을 분비해서 피가 굳어 상처가 막히지 않
도록 한다. 거머리가 몸에 달라붙어 자신의 체중보다 열 배나 많은
피를 빨아먹을 때까지 사람들이 아픔을 느끼지 못할 정도이다. 왜냐
하면 거머리의 침 속에 마취 성분, 피가 빨리 흐르도록 하는 혈관 팽
창 성분과 함께 혈액의 응고를 막는 물질인 히루딘hirudin이 들어 있
기 때문이다. 외국 제약 회사들은 박테리아의 유전자를 조작하여 히
루딘을 대량 생산하고 있는데, 이는 수술 직후 피가 굳는 것을 막는
약품으로 활용된다.

　사람과 동물의 창자 안에 기생하며 피를 실컷 빨아먹는 십이지장
충 역시 거머리처럼 혈액 응고를 저지하는 물질을 갖고 있다. 이러

한 항응혈물질을 수술 후 사용하면 피가 굳는 것을 예방할 수 있다. 혈액 응고에 따른 협심증으로 심장마비가 일어나는 것을 막는 약으로도 사용될 전망이다.

아메리카 대륙의 흡혈박쥐는 밤에 가축의 피를 빨아먹고 산다. 먹이를 발견하지 못할 때가 많기 때문에 어른박쥐는 열흘에 하루, 어린 박쥐는 사흘에 한 번 정도 굶게 마련이다. 굶는 박쥐가 있으면 정량 이상의 피를 들이삼킨 박쥐가 게워내서 나눠준다. 같은 동굴에서 오랫동안 함께 살기 때문에 상대를 서로 잘 안다. 따라서 과거에 피를 나눠준 박쥐로부터 나중에 되돌려받는다. 그러나 피를 독식한 박쥐는 훗날 다른 박쥐로부터 피를 얻어먹기 어렵게 된다. 이처럼 흡혈박쥐가 피를 자유자재로 주고받을 수 있는 것은 침 속에 항응혈물질이 들어 있기 때문이다. 이 물질을 이용하면 심장마비로 굳은 혈액을 용해할 수 있다.

진드기처럼 숙주가 눈치채지 못하게 공격하는 솜씨가 뛰어난 벌레는 드물다. 숙주 모르게 12일 이상을 피부에 숨어 지낸다. 진드기의 침 속에는 숙주의 면역 능력과 혈관에 영향을 미치는 화학물질이 300종 이상이나 들어 있다. 진드기에 물리면 피부에 면역반응이 일어나서 가렵고 염증이 생긴다. 따라서 진드기 침 속의 화학물질로 천식, 건초열, 결막염처럼 염증반응이 나타나는 질병의 치료제를 개발할 수 있다.

# 2

## 생물을 모방하는 로봇

자크 드 보캉송의 기계오리는 인류가 생물을 모방하여 만든 수많은 로봇의 한 가지 보기에 불과할 따름이다. 사람처럼 생기고 행동할 줄 아는 휴머노이드 로봇은 2030년경에 사람과 엇비슷한 지적 능력을 갖게 되면 놀라운 속도로 인간의 지능을 추월할 것으로 전망된다. 동물을 본뜬 로봇은 땅, 바다, 하늘은 물론 화성에서도 맹활약이 기대된다. 파리지옥풀처럼 벌레를 잡아먹는 식물 로봇도 개발되었다.

미시의 세계에서 임무를 수행하는 마이크로 로봇이나 나노 로봇의 모터 문제를 해결하는 데 자연의 지혜를 빌리기도 한다. 모터 대신 박테리아를 구동 장치로 사용하는 박테리아 로봇이 암 치료에 투입될는지 두고 볼 일이다. 생물 세포 안의 분자 모터 단백질을 본떠 만든 나노 모터가 다양하게 개발됨에 따라 나노 로봇의 실현 가능성도 높아지고 있다.

# 사람을 닮은
# 로봇

로봇 연구의 궁극적인 목표는 사람처럼 생기고 행동하는 로봇, 곧 휴머노이드(인간형) 로봇을 개발하는 데 있다. 로봇공학의 초창기에는 산업용 로봇의 제작에 주력했기 때문에 극소수의 휴머노이드 로봇이 개발되었을 따름이다.

세계 최초로 사람 크기의 휴머노이드 로봇을 개발한 인물은 일본 와세다대학의 가토 이치로加藤一郎, 1925~1994 교수이다. 그는 1973년 와봇(와세다로봇) 1호를 내놓았다. 초보적인 시각 능력과 음성 합성 능력을 갖춘 로봇이었다. 1984년 가토는 기능이 향상된 와봇 2호를 발표했다. 모양과 크기가 사람과 비슷하게 생긴 와봇 2호는 악보를 읽어 열 손가락과 두 발로 풍금을 연주할 수 있다. 또한 청각 기능이 있어 가수의 노랫소리에 따라 반주 속도를 스스로 조절한다.

가토는 1994년 사망했으나 와세다대학은 지속적으로 휴머노이드 로봇을 개발했다. 대표적인 로봇은 와비안WABIAN, WE-4R, WF-4이다. 와비안은 '와세다의 두 발로 걷는 휴머노이드'라는 뜻이다. 이름 그대로 사람처럼 생긴 와비안은 걸을 뿐만 아니라 춤까지 출 수 있

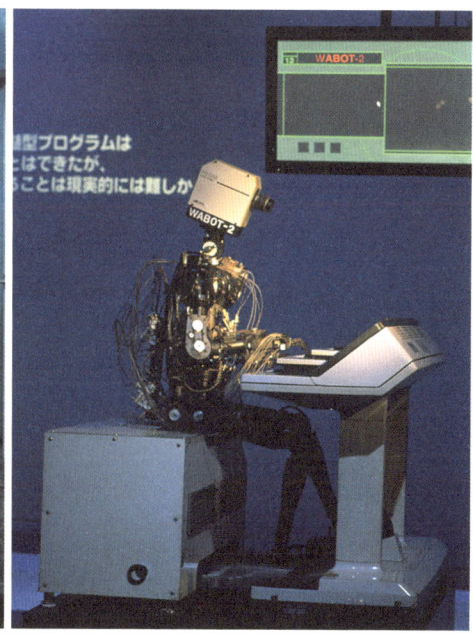

◆ 세계 최초의 사람 크기 휴머노이드 로봇인 와봇 1호(왼쪽)와 와봇 2호(오른쪽)

다. 1970년대 초부터 개발된 와비안은 30여 년에 걸쳐 세대가 바뀌면서 다양한 기능이 추가되고 있다. 2003년 선보인 WE-4R은 즐거움, 슬픔, 분노, 공포, 혐오감, 놀람, 평온한 마음 등 일곱 가지 감정을 느낄 줄 알 뿐만 아니라 표현할 수도 있다. 또한 보고, 듣고, 감촉을 느끼며, 냄새를 맡을 수도 있다. WF-4는 전문가 뺨치게 플루트를 연주하는 휴머노이드 로봇이다.

와세다대학의 강력한 경쟁자는 혼다자동차이다. 10여 년에 걸쳐 수백만 달러를 투입하며 철저한 보안 속에 사람처럼 두 발로 걷는 실물 크기의 휴머노이드 로봇을 개발했다. 1996년 전격적으로 공개된 혼다의 P2(프로토타입2)는 일부에서 그 안에 사람이 들어 있을 것

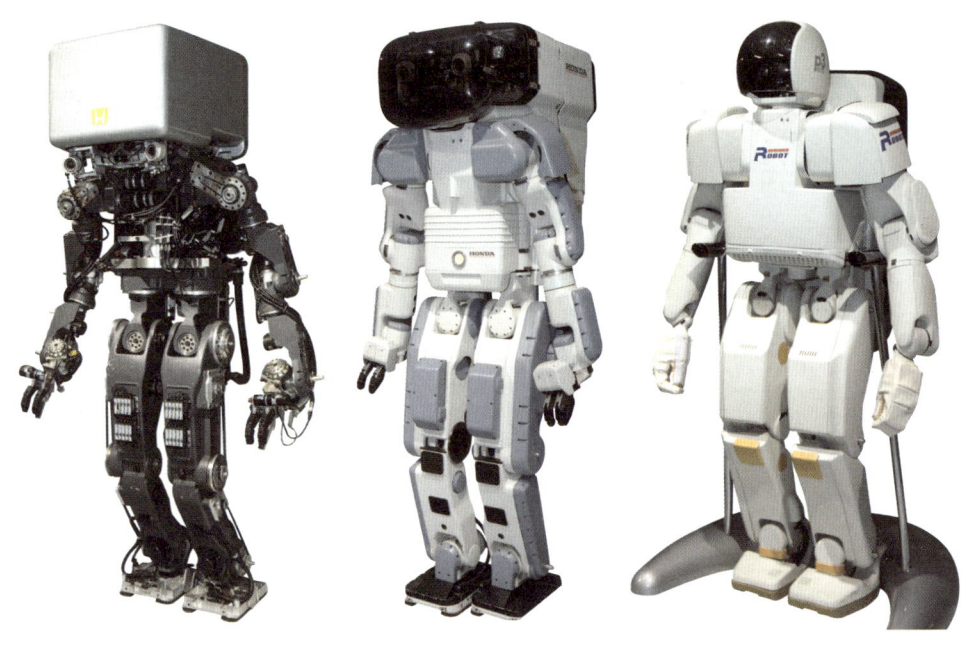

◆ (왼쪽부터) 혼다의 P1, P2, P3

이라고 의심할 정도로 사람처럼 걸어다닌다. 세계 최초로 사람의 보행을 구현해낸 이 로봇은 키 180센티미터에 무게는 210킬로그램이다. 이듬해인 1997년에는 보다 개량된 P3를 발표한다. 우주비행사처럼 생긴 P3는 키 160센티미터에 무게 130킬로그램으로, 두 발로 걷고 문을 여닫으며 층계를 오르내릴 수 있다. 최고 보행 속도는 시속 2킬로미터이다.

2000년 11월 혼다는 P3의 뒤를 잇는 야심작인 아시모<sub>Asimo</sub>를 출시했다. 키 120센티미터에 무게가 43킬로그램인 아시모는 두 발로 평지가 아니라도 사람처럼 균형을 잡고 걸을 수 있으며 춤까지 춘다. 아시모는 도쿄의 과학미래관에서 연봉 2억 원을 받고 안내도우미로

일하기도 했다.

　2000년 11월에 전자업체인 소니 역시 SDR-3X라 불리는 휴머노이드 로봇을 발표했다. 키 50센티미터에 무게 5킬로그램인 SDR-3X는 사람의 목소리를 알아듣고 일본 사람들처럼 90도로 허리를 굽혀 인사할 줄도 안다. 음악에 맞춰 한 발로 춤을 추고 축구공을 차는가 하면, 스트레칭 체조도 하는 애완용 로봇이다.

　2003년 12월 소니는 휴머노이드 로봇인 큐리오Qrio를 선보였다. 키 60센티미터에 무게 7킬로그램의 두 발 로봇인 큐리오는 한 다리로 서기도 한다. 1분에 14미터를 달리며, 넘어지면 혼자 일어난다. 100분의 4초라는 짧은 시간이지만 공중으로 뛰어오를 수도 있다. 공을 차거나 춤을 출 수도 있다. 2004년 3월 큐리오는 도쿄 교향악단의 연주를 지휘하여 음악 애호가들의 탄성을 자아냈다.

　오뚝이 로봇은 물론 큐리오가 처음은 아니다. 2003년 2월 일본 산업기

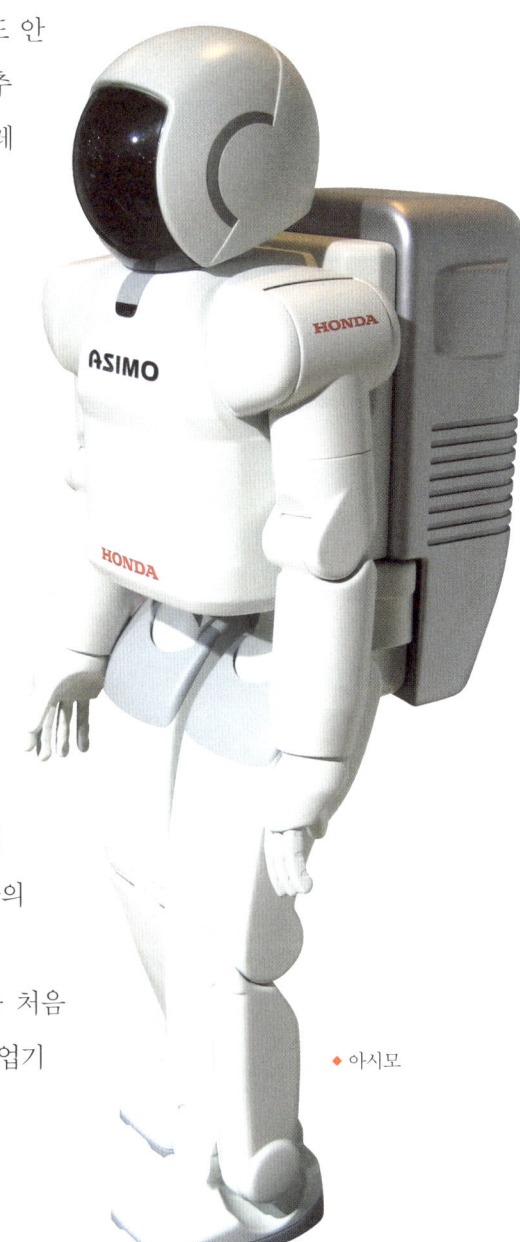

◆ 아시모

◆ 2004년 3월 9일 큐리오가 공개 리허설에서 사상 최초로 도쿄 필하모니 오케스트라의 베토벤 5번 교향곡 연주를 지휘했다.

술종합연구소는 앞뒤로 넘어져도 스스로 일어서는 휴머노이드 로봇을 세계 최초로 개발하여 공개했다. HRP2 프로토타입이라 불리는 이 오뚝이 로봇은 키 154센티미터에 무게는 58킬로그램이다.

혼다와 소니가 각각 아시모와 큐리오를 앞세워 휴머노이드 로봇 기술을 전 세계에 과시하고 있는 가운데, 일본의 다른 연구소에서 여러 종류의 인간형 로봇이 개발되고 있다. 대표적인 것은 영어로 '다이내믹 브레인(역동적인 두뇌)'을 줄여서 디비DB라 불리는 로봇이다. 디비는 키 190센티미터에 무게는 90킬로그램이며 눈이 두 개이다. 디비를 개발하는 목표는 사람 팔의 유연성과 능숙함을 재연할수 있는 로봇 팔을 만드는 데 있다. 이러한 팔 덕분에 디비는 손바닥위에 막대기를 세우고 두세 시간 동안 균형을 유지할 수 있다. 보통사람은 30초를 넘기기 어렵다. 또한 다른 로봇들이 프로그램에 따라춤추는 것과는 달리, 디비는 사람이 춤추는 모습을 관찰한 다음 성

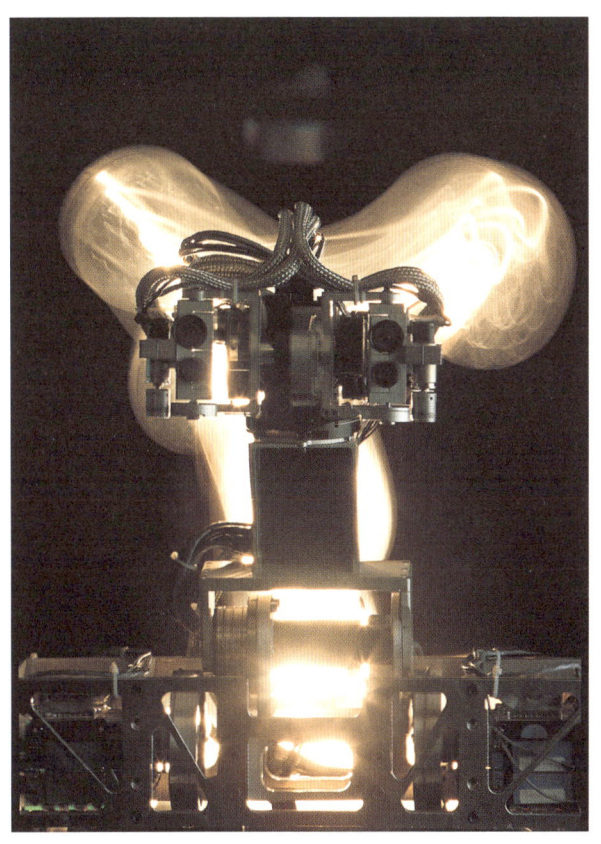

◆ 코그

공할 때까지 반복해서 그 행동을 흉내낸다.

일본에 와세다대학이 있다면 미국에는 매사추세츠공과대학이 있다. 이 대학에서 휴머노이드 로봇 개발을 진두지휘하는 인물은 호주 출신의 로드니 브룩스Rodney Brooks, 1954~이다. 그는 자신이 제안한 포섭 구조subsumption architecture를 적용하여 코그Cog를 개발했다.

1986년 브룩스가 내놓은 포섭 구조는 로봇의 뇌, 곧 중앙통제 장치가 모든 의사결정을 내리는 전통적인 하향식 접근방법을 철저히 거부한다. 전통적인 로봇공학에서는 로봇이 걸을 때 뇌가 무릎이나 발목에 어떻게 구부려야 하는지 명령을 내린다. 하지만 포섭 구조 로봇은 무릎이나 발목에 센서와 컴퓨터가 달려 있어서, 이런 조그마한 컴퓨터가 관절들에게 움직임을 지시한다. 요컨대 중앙통제 장치인 뇌는 무릎이나 발목의 움직임에 전혀 관여하지 않는다.

1993년부터 개발된 코그는 머리와 두 팔 그리고 상체만으로 이루어져 있으며, 매우 무거운 발판에 고정되어 있다. 높이는 86센티미터의 발판을 포함하여 172센티미터 정도 된다. 코그는 사람의 눈을 본뜬 장치를 이용하여 대상에 초점을 맞추고 대상을 향해 팔을 뻗을 수 있으며, 자신의 동작을 수정할 수 있다.

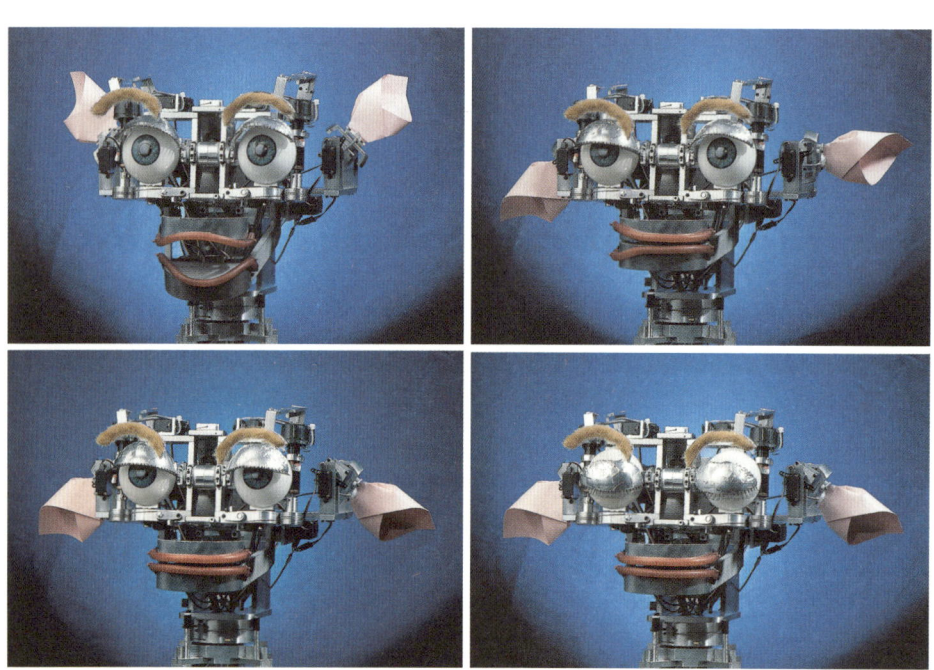

◆ 다양한 표정을 짓고 있는 키스멧

코그를 개발하는 브룩스 교수의 인공지능연구실에서는 얼굴 로봇인 키스멧Kismet을 내놓았다. 키스멧은 '숙명'이라는 뜻의 터키 말이다. 높이 38센티미터의 키스멧은 사람과 의사소통을 하고 감정을 이해할 뿐만 아니라, 자신의 감정을 얼굴 표정으로 드러낼 줄도 안다.

분홍색 귀와 고무 입술을 가진 키스멧은 즐거움, 슬픔, 노여움, 두려움, 혐오감 등 정서 상태와 놀람, 평온함, 피곤함 또는 흥미를 느끼는 마음 등 다양한 감정을 나타낼 수 있다. 키스멧은 삐죽거리기도 하고 얼굴을 찡그리기도 하며 화를 낼 줄도 안다. 방문자를 발견하면 흥미로움과 반가움에 가득 찬 표정을 짓는다. 방문자가 키스멧의 얼굴 가까이에 손을 흔들면 귀찮아하는 표정을 짓지만, 매우 밝은 색깔을 보여주면 미소를 짓는다. 그러나 키스멧에게 아무 얼굴도 보여주지 않으면 혼자 남겨졌다는 외로움 때문에 마치 슬픔에 잠긴 듯한 표정을 짓는다.

일본의 도쿄과학대학에서도 사야Saya라고 명명된 얼굴 로봇을 개발하고 있다. 2003년 4월 7일 우주소년 아톰의 탄생일에 맞춰 일본 요코하마에서 개최된 세계 최대 규모의 로봇

◆ 일본의 얼굴 로봇 사야

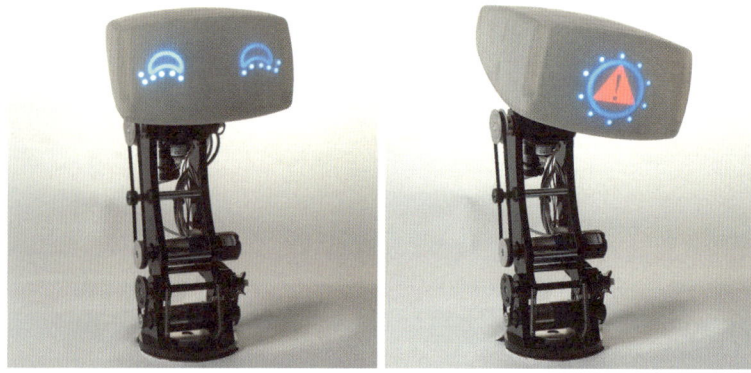

◆ 자동차 운전석의 계기판에 장착되는 아이다는 얼굴에 눈동자 모양을 띄워 감정을 나타낸다.

전시회에 출품된 사야는 까만 눈을 뜨고 하얀 이를 드러내며 미소를 지었다. 실리콘으로 만든 피부 밑에 근육처럼 움직이는 형상기억 장치가 들어 있어서 사야는 이러한 얼굴 표정을 만들어낼 수 있다. 이 여자 로봇은 까만 가발을 쓰고 화장을 자주 한다.

2009년 미국 매사추세츠공과대학은 얼굴에 감정을 나타내는 로봇인 아이다AIDA를 발표했다. 아이다는 영어로 '감정을 지닌 지능형 주행 도우미affective intelligent driving agent'를 의미한다. 자동차 운전석의 계기판에 장착되는 아이다는 네 개의 관절을 가진 목을 끄덕이면서 얼굴에 눈동자 모양을 띄워 감정을 나타낸다. 운전자가 길을 잘 찾아가고 있으면 웃음을 짓지만, 그렇지 않을 경우 슬퍼하거나 놀라는 눈 모양이 된다. 안전띠를 매지 않으면 고개를 떨어뜨리고 슬픈 눈을 한다.

우리나라에서 최초로 개발된 휴머노이드 로봇은 센토Centaur이다. 1999년 한국과학기술연구원KIST의 김문상 박사가 개발한 센토는 사람 상체의 유연한 기능을 구현하기 위해 제작한 인간형 로봇의 상체부이다.

2001년 5월 카이스트의 양현승 교수는 국내 최초로 사람처럼 몸통을 갖춘 휴머노이드 로봇을 개발했다. 남자 로봇인 아미AMI는 키 150센티미터에 15개의 관절로 구성되고 바퀴로 굴러다닌다. 사람의 말을 알아듣고 대화가 가능하며, 사람의 얼굴도 150명 정도 기억할 수 있다. 또한 가슴에 달린 스크린을 통해 사람과 비슷하게 기쁨과 슬픔을 표현할 수 있다.

아미는 2001년 김대중1924~2009

◆ 노무현 대통령과 악수하는 아미

당시 대통령과 악수를 나누었으며, 2003년에는 프로야구 올스타시합 시구식에서 노무현1946~2009 당시 대통령에게 공을 전달하기도 했다.

2002년 11월에는 아미의 여자친구인 아미엣AMIET이 태어났다. 아미엣은 120센티미터의 키에 19개의 관절로 만들어졌으며 바퀴로 굴러다닌다. 아미와 유사하게 감정을 나타낼 줄 알며, 무용수들과 함께 음악에 맞춰 춤을 출 줄도 안다.

2004년 12월 카이스트의 오준호 교수는 휴보Hubo를 발표했다. 두 발로 자유롭게 걷는 국내 최초의 휴머노이드 로봇이다. 키는 아시모보다 커서 125센티미터이며, 무게는 55킬로그램으로 43킬로그램인 아시모보다 무겁지만 훨씬 날씬한 몸매를 지녔다.

2006년 5월 한국생산기술연구원은 여성 로봇인 에버1EveR-1을 발표했다. 에버는 최초의 여성인 이브와 로봇의 합성어이다. 같은 해 10월에

◆ 휴보

◆ 에버(오른쪽)는 연극무대에서 노래를 부르기도 했다(2009년 〈엄마와 함께하는 국악보따리〉 공연
에서).

발표된 에버2는 가수로 데뷔했으며, 2008년에 선보인 에버3은 배우
로 활동했다. 키 162센티미터에 무게 50킬로그램인 에버3은 2009년
국립극장의 연극무대에 서서 배우들과 함께 노래를 부르기도 했다.

# 동물을 모방한
# 로봇

울퉁불퉁한 땅 위를 자유자재로 걸어다니는 보행 로봇, 물속에서 잠수부처럼 능숙하게 작업을 하는 수중 로봇, 하늘을 마음껏 날아다니는 비행 로봇을 꿈꾸는 로봇공학자들은 동물의 행동을 모방하여 갖가지 종류의 로봇을 개발하고 있다.

동물로봇공학 zoobotics 에서는 공룡·긴팔원숭이·뱀·바닷가재·참치처럼 큰 동물에서부터, 거미·지네·바퀴벌레·호랑나비·파리·메뚜기·벌새처럼 작은 동물에 이르기까지 다양한 형태의 동물 로봇을 개발한다.

비행 로봇 분야의 선구자인 미국의 폴 맥크레디 Paul MacCready, 1925~ 2007 는 1980년대 후반에 익룡을 절반 정도의 크기로 본뜬 로봇을 만들었다. 익룡은 6,500만 년 전에 살았던 날개 달린 파충류이다. 이 로봇은 신문 홍보를 위한 시험비행 도중 추락하여 산산조각이 나고 말았다.

로봇공학자들이 생물영감 또는 생물모방에 관심을 갖기도 훨씬 전인 1970년대 중반에 동물을 본뜬 로봇을 개발한 인물은 일본 도쿄

◆ 폴 맥크레디와 그가 만든 비행 로봇

공업대학의 히로세 시게오廣瀨茂男, 1947~ 교수이다. 그는 뱀의 움직임을 연구하여 땅 위를 구불거리며 움직이는 바퀴 달린 로봇을 개발했다. 뱀 로봇의 길이는 2미터이고 20개의 마디를 갖고 있다. 히로세는 뱀 로봇이 지하에 매설된 배관을 검사하는 데 활용되기를 바랐다.

생물학자 중에서 로봇공학자들에게 가장 많은 도움을 준 사람은 미국의 로버트 풀Robert Full 이다. 풀은 특히 다리가 많이 달린 절지동물에 각별한 관심을 갖는다. 지구상의 동물 중에서 가장 종류가 많은 것은 몸이 마디로 이루어진 절지동물이기 때문이다. 절지동물에는 딱정벌레와 개미 따위의 곤충류, 거미나 전갈 등의 거미류, 게와 새우 등의 갑각류, 지네 따위의 다족류가 있다. 이들은 다리의 수가 서로 다르다. 곤충류는 6개, 거미류는 8개, 갑각류는 10개, 다족류는

히로세 시게오와 뱀 로봇

10개 이상이다. 지네는 무려 44개의 다리를 갖고 있다.

로봇공학자들은 절지동물이 다리를 움직이는 방법을 로봇에 응용하기 위해 개미에서부터 지네에 이르기까지 다양한 걸음걸이를 연구하고 있다. 가장 많이 연구되는 것은 곤충의 걸음걸이이다. 곤충이 걸을 때 여섯 개의 다리가 움직이는 모양을 관찰한 결과, 한 가지 놀라운 사실이 발견되었다. 다리의 움직임을 일괄적으로 제어하는 메커니즘을 갖고 있지 않다는 사실이 확인된 것이다. 다시 말해서, 곤충의 다리는 제각기 독자적인 제어 메커니즘을 갖고 있다. 각 다리의 제어 장치는 다리 자체의 위치, 이웃한 다른 다리의 위치와 움직임에 따라 다리의 움직임을 조절한다. 그러므로 곤충은 울퉁불퉁한 곳에서 자유자재로 걷거나 달릴 수 있는 것이다. 한두 개의 다리가 잘려나간 뒤에도 벌레들이 땅바닥을 잘 기어다닐 수 있는 이유가 설명된 셈이다.

로봇 연구자들이 가장 본뜨고 싶어 하는 곤충은 미국바퀴이다. 이 바퀴벌레는 지구상에서 가장 빠른 곤충이다. 초당 150센티미터의 속도로 달린다. 1초에 몸길이의 50배가 되는 거리를 간다는 뜻이다. 사람이 이 속도를 내려면 시속 320킬로미터로 달리지 않으면 안 된다. 이 바퀴벌레의 걸음걸이를 관찰한 결과, 모양이 서로 다른 세 쌍의 다리를 달아주면 로봇의 보행 속도를 끌어올릴 수 있는 것으로 밝혀졌다.

미국에서는 여러 대학에서 바퀴벌레를 본뜬 로봇을 개발해왔다. 가장 괄목할 만한 성과를 거둔 인물은 로드니 브룩스이다. 1984년부터 매사추세츠공과대학에서 이동 로봇 개발에 전력투구한 브룩스는 동물행동학을 로봇공학에 융합시켰다. 동물행동학의 영향을 받은

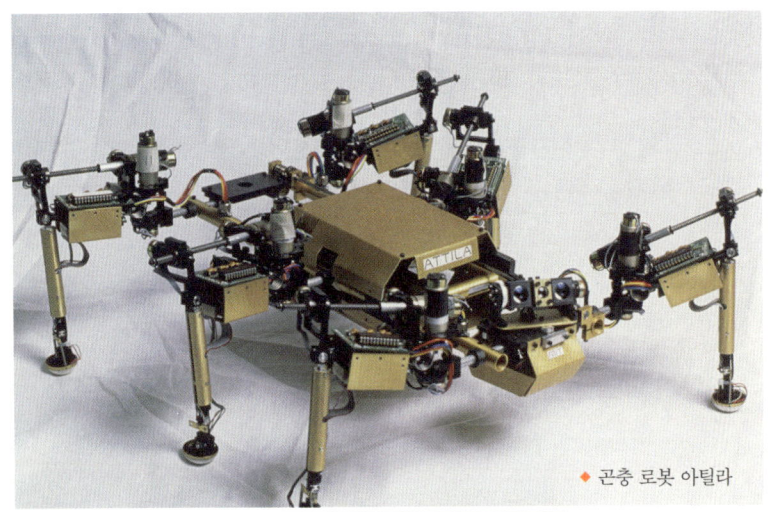

◆ 곤충 로봇 아틸라

◆ 단테2가 알래스카의
활화산에서 임무를
수행하고 있다.

브룩스는 '방 안에서 걷지 못하는 천재보다는 곤충처럼 들판을 헤집고 다니는 천치'를 만들어낼 계획이었다. 곤충 로봇을 설계하는 접근방법으로 그가 내놓은 아이디어가 다름 아닌 포섭 구조이다.

브룩스가 포섭구조로 설계한 대표적인 곤충 로봇은 징기스Genghis와 아틸라Attila이다. 바퀴벌레처럼 괴상한 모양의 징기스는 무게가 1킬로그램에 불과하지만 6개의 다리, 2개의 수염, 6개의 눈이 달린 이동 로봇이다. 징기스보다 더욱 정교하게 만들어진 아틸라는 곤충 로봇의 최고 걸작이다.

절지동물을 연구하는 로봇공학자들의 최종 목표는 결코 바퀴벌레 로봇이 아니다. 거미나 게처럼 생긴 로봇은 물론이고, 심지어는 지네처럼 44개의 다리를 가진 로봇의 개발까지 궁리한다. 1992년 카네기멜론대학에서는 거미처럼 8개의 다리를 가진 로봇 단테Dante를 개발했다. 2004년 스탠퍼드대학과 나사NASA 기술자들은 거미처럼 생

◆ 거미 로봇 리머

◆ 로봇 게 에어리얼

긴 로봇 리머Lemur를 선보였다. 리머는 사람의 도움을 전혀 받지 않고 자력으로 암벽을 등반할 수 있다. 나사 측은 리머가 단테처럼 훗날 화성 탐사에 활용될 것으로 기대하고 있다.

게의 경우 다리는 다섯 쌍이며 한 쌍의 큰 집게발로 먹이를 잡는다. 게는 대부분 헤엄을 치지 못하며 옆으로만 걷는다. 주로 모래밭에서 사는데, 해변으로 밀려와서 부서지는 파도 속으로 뛰어들어 땅위에서처럼 물속에서도 계속 달리기를 할 수 있다. 미국 해군이 개발 중인 에어리얼Aerial은 게의 행동을 흉내내 만든 수중 로봇이다. 에어리얼은 만화영화인 〈인어공주〉의 주인공 이름이다. 높이 9센티미터, 길이 55센티미터, 무게 11킬로그램인 에어리얼은 잠수부처럼 바닷속에 뛰어들어 기뢰를 찾는 임무를 수행한다. 에어리얼은 로버트 풀의 게 연구에서 영감을 얻어 개발되었다.

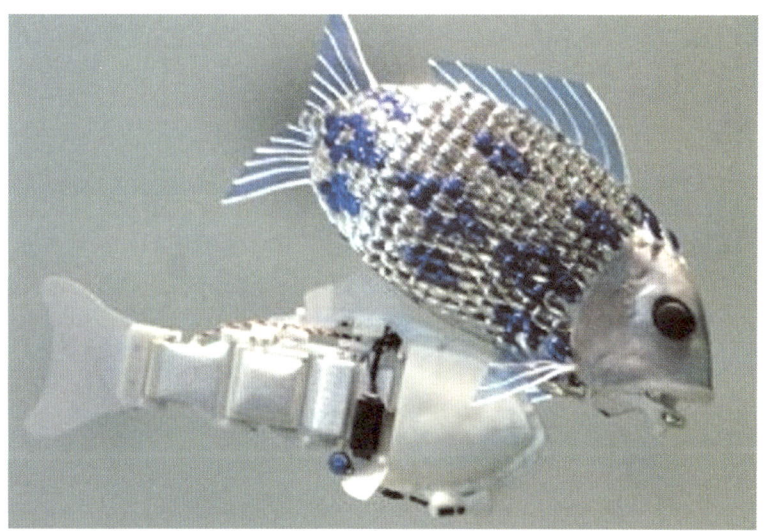

◆ 2005년 선보인 세계 최초의 물고기 로봇

바닷가재나 칠성장어가 먹이를 발견하고 확인하는 운동 능력을 본뜬 자율적인 수중 로봇도 연구되고 있다. 미국에서 개발된 바닷가재 로봇은 높이 20센티미터, 길이 61센티미터, 무게 2.9킬로그램으로, 물속의 기뢰 제거에 사용될 계획이다.

2005년 10월 세계 최초의 물고기 로봇이 영국 런던의 수족관에 출현했다. 길이 50센티미터, 높이 15센티미터, 두께 12센티미터인 이 물고기 로봇은 참치와 비슷하게 초당 50센티미터의 속도로 헤엄칠 수 있다. 해저 탐사나 기름 유출의 탐지, 스파이 활동에 활용될 전망이다.

긴팔원숭이나 공룡처럼 큰 동물의 행동을 모방한 로봇 역시 연구가 진행되고 있다. 일본의 브래키에이터3은 긴팔원숭이의 브래키에이션brachiation을 흉내낸 로봇이다. 브래키에이션이란 긴팔원숭이가 나무 위에서 양손을 번갈아 잡아가면서 몸을 흔들며 이동하는 동작을 의미한다. 브래키에이터3은 긴팔원숭이처럼 줄에 매달린 채로 양손을 번갈아가며 재빠르게 이동한다. 이 로봇의 높이는 80센티미터, 무게는 10킬로그램이다.

2008년 미국에서 동물처럼 네 발로 걷는 로봇인 빅도그BigDog가 발표되었다. 키 70센티미터, 길이 1미터의 빅도그는 이름 그대로 몸집이 큰 개와 비슷하다. 말처럼 최대 160킬로그램의 짐을 운반할 수 있다. 비탈길이나 얼어붙어 미끄러운 길을 기어올라가고, 나뭇잎이 쌓여 발이 푹푹 빠지는 곳도 통과할 수 있다. 싸움터에서 군수품을 등에 지고 달리는 군사 로봇으로 인기가 높다.

미국에서 백악기의 육식공룡인 트루돈을 모방한 공룡 로봇도 개발되었다. 높이 46센티미터, 길이 122센티미터, 무게 4.5킬로그램의

◆ 브래키에이터3

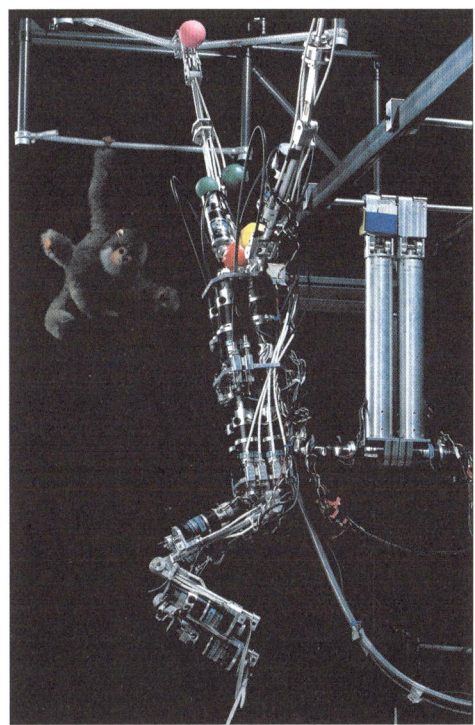

◆ 빅도그

보행 로봇인 트루디Troody는 박물관 안에 전시된다. 두 발 달린 공룡 로봇이 박물관 안을 배회하고 다니면 관람객들은 이 로봇을 조종하면서 공룡이 지구를 지배하던 백악기를 상상할 수 있기 때문이다.

한편 사람의 도움을 받을 수 없는 상황에서 로봇이 지속적으로 활동할 수 있도록 하는 연구도 진행되고 있다. 대표적인 사례는 로봇이 스스로 음식을 먹고 자신의 활동에 필요한 에너지를 생산하도록 한 것이다.

2000년 미국에서 선보인 개스트러놈Gastronome은 '미식가'라는 이름대로 음식을 소화하여 스스로 동력을 만드는 세계 최초의 로봇이다. 이 로봇의 주식은 위장에서 미생물에 의해 완전 분해되어 찌꺼기를 거의 남기지 않는 각설탕이지만, 가장 이상적인 에너지원은 열량이 높은 육류이다.

개스트러놈은 길이 1미터의 사륜차 세 대로 구성된다. 앞부분의 사륜차에는 눈, 입, 식도, 위장이 있다. 위장은 대장균으로 음식을

◆ 개스트러놈

분해하는 미생물 연료 전지이다. 위장에서 분해된 각설탕 분자는 물과 이산화탄소로 바뀐 뒤 배터리를 충전하는 전자를 방출한다. 두 번째 사륜차에는 축전지가 있다. 축전지가 충전되면 에너지가 발생하여 모두 12개의 바퀴를 움직여 전진할 수 있다. 세 번째 사륜차에는 산화용액 펌프가 있다. 개스트러놈은 사람이 음식을 먹여주어야 하지만, 곧 스스로 밥을 먹게 될 것으로 전망된다.

# 식물을 모방한
# 로봇

식충식물처럼 벌레를 잡아먹는 로봇이 등장했다. 잎으로 곤충 따위의 작은 동물을 잡아서 소화 및 흡수하여 양분을 취하는 식물을 통틀어 식충식물이라 한다. 대표적인 식충식물로는 모드라기풀과 파리지옥풀이 있다.

모드라기풀은 다름 아닌 끈끈이주걱이다. 습지에서 사는 여러해살이풀인 *끈끈이주걱*은 주걱 모양의 잎으로 점액을 분비하여 벌레를 잡는다.

주로 북아메리카에서 번식하는 파리지옥풀은 축축하고 이끼가 긴 곳에서 곤충을 잡아먹으며 사는 여러해살이 식물이다. 길이가 20~30센티미터인 줄기 끝에 흰색의 작은 꽃이 둥글게 무리지어 핀다. 길이가 8~15센티미터인 잎은 두 개가 중심선에 경첩 모양으로 달려 있어 거의 원형에 가까운 모양이 된다.

이파리 가장자리에는 가시 같은 톱니가 나 있다. 양쪽으로 벌어져 있는 두 개의 잎에는 각각 세 개씩의 긴 털, 곧 감각모感覺毛가 있다. 이 감각모에 파리 따위가 닿으면 양쪽으로 벌어져 있던 잎이 순식간

◆ 파리지옥풀

에 서로 포개지면서 닫힌다. 낮에 파리 같은 먹이가 파리지옥풀의
이파리에 앉으면 0.1초 만에 닫힌다. 약 10일 동안 곤충을 소화하고
나면 잎이 다시 열린다.

　파리지옥풀의 잎 표면에 있는 샘에서 곤충을 소화하는 붉은 수액
이 분비되므로 잎 전체가 마치 붉은색의 꽃처럼 보인다. 파리지옥풀

의 잎이 파리가 앉자마자 0.1초 만에 닫힐 수 있는 것은, 감각모가 받는 물리적 자극에 의해 수액이 한꺼번에 몰리면서 잎의 모양이 바뀌기 때문이라고 알려졌다.

하지만 미국 하버드대학의 마하데반Lakshminarayanan Mahadevan은 파리지옥풀의 잎이 눈 깜짝할 사이에 모양을 바꿀 수 있는 것은 수액의 분비 때문만은 아니라고 주장했다. 2005년 《네이처》 1월 27일자에 실린 연구 결과에서 마하데반은 파리지옥풀의 잎은 수액 못지않게 잎 자체의 구조적 특성 때문에 그토록 빠르게 모양이 바뀔 수 있는 것이라고 설명했다.

파리지옥풀의 이파리처럼 빠른 속도로 모양을 바꿀 수 있는 로봇이 개발되고 있다. 2011년 8월 미국 메인대학 기계공학과의 모센 샤힌푸르Mohsen Shahinpoor는 파리지옥 로봇을 발표했다. 이 로봇은 파리지옥풀의 감각모에 해당하는 작은 털들이 달려 있는 두 개의 잎을 갖고 있다. 이 털들을 접촉하면 마주보는 두 잎이 순식간에 달라붙는다. 말하자면 파리지옥 로봇의 입이 닫히는 셈이다.

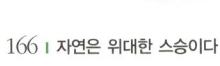

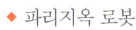
◆ 파리지옥 로봇

샤힌푸르는 이 파리지옥 로봇을 사용하여 인공 근육을 연구한다. 가령 파리지옥 로봇을 만든 물질을 안면이 마비된 환자의 손상된 부위에 이식하면, 이 인공 근육은 파리지옥풀 이파리처럼 빠른 속도로 모양이 바뀔 수 있으므로 환자가 희망하는 표정을 나타낼 수 있다.

파리지옥풀처럼 실제로 파리를 잡는 로봇도 개발되고 있다. 영국에서 에코봇Ecobot 개발에 참여하고 있는 이오애니스 이에로풀로스Ioannis Ieropoulos는 파리가 에코봇의 먹이가 될 것을 기대한다. 에코봇은 배터리가 아닌 음식물로 에너지를 충당하는 로봇이다. 개스트러놈처럼 스스로 에너지를 해결하는 로봇인 셈이다. 2002년에 에코봇1, 2004년에 에코봇2가 개발되었다.

에코봇2는 여덟 개의 미생물 연료 전지를 갖고 있다. 각 연료 전지

◆ 에코봇2

에는 하수오물이 채워져 있다. 여기에 죽은 파리를 한 마리씩 집어 넣는다. 오물에서 바글거리는 박테리아들이 파리를 먹어치운다. 박테리아가 배출하는 효소가 파리 몸통의 표면을 덮고 있는 껍질을 분해하면 설탕이 생긴다. 박테리아는 이 당 분자를 섭취하고 노폐물을 배설한다. 이 과정에서 박테리아는 전자를 방출하는데, 이 전자가 전류를 발생시키게 된다. 말하자면 위장에 해당하는 연료 전지가 파리를 소화시켜 에너지를 만들어내는 것이다. 에코봇2는 여덟 마리의 파리가 공급되면, 즉 각 미생물 연료 전지에 파리가 한 마리씩 공급되면 5일 동안 움직일 수 있다.

에코봇3의 개발에 참여한 이에로풀로스는 에너지 측면에서 완전히 자율적인 로봇이 되려면 사람이 죽은 파리를 넣어주지 않고 로봇이 스스로 살아 있는 파리를 포획할 수 있어야 한다고 생각한다. 따라서 파리지옥 로봇 기술을 에코봇에 적용하여 에너지를 생산할 뿐만 아니라, 에너지의 원료도 스스로 직접 조달하는 로봇의 개발을 궁리하고 있는 것이다.

# 박테리아
# 로봇

마이크로 로봇은 사람은 물론 큰 로봇이 작업을 해낼 수 없는 영역, 즉 현미경 아래로 끝없이 펼쳐지는 미시의 세계에서 사람 대신 임무를 수행한다. 이를테면 인체의 혈관 속으로 들어가 수술을 한다.

1966년 미국에서 개봉한 공상과학영화 〈환상여행Fantastic Voyage〉을 보면, 수술이 불가능한 뇌질환에 시달리는 환자를 구하기 위해 의사와 잠수정을 세균 크기로 축소하여 환자의 몸속으로 침투시킨다. 이들은 혈류를 따라 여행하여 뇌에 도달한다. 환자의 뇌에서 생명을 위협하는 피딱지(혈전)를 제거한 뒤 환자가 흘리는 눈물을 통해 몸 밖으로 나온다.

〈환상여행〉에서처럼 사람의 몸속으로 들어가서 질병을 치료하는 마이크로 로봇은 미국, 일본, 독일, 한국에서 활발하게 개발되고 있다. 예컨대 일본 도호쿠대학에서 제작한 길이 8밀리미터, 지름 1밀리미터 미만의 모래알만 한 혈관 유영 로봇은 사람의 핏속을 헤엄치며 돌아다닌다.

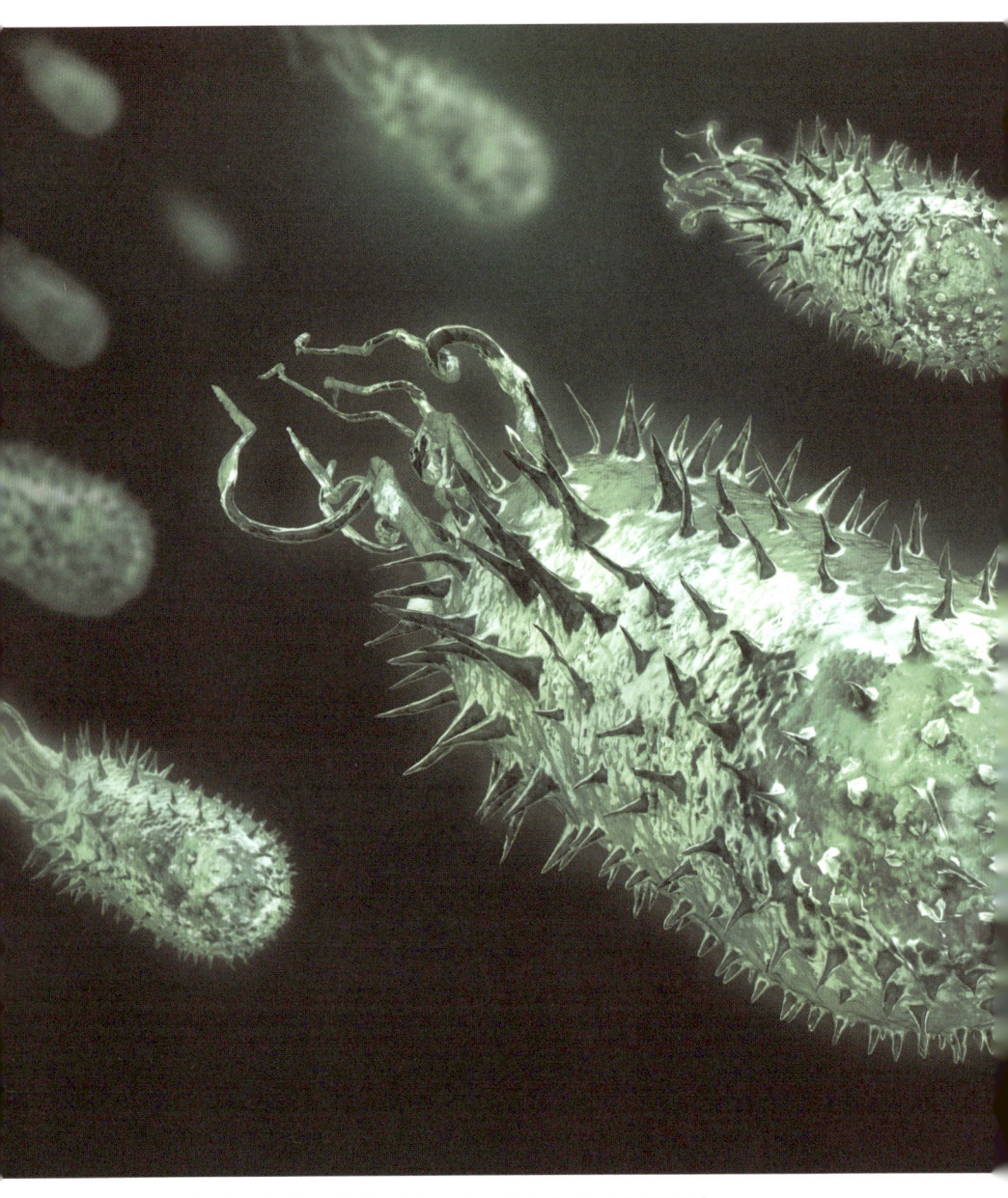

◆ 박테리아는 채찍처럼 생긴 꼬리, 곧 편모를 사용하여 핏속에서 헤엄친다.

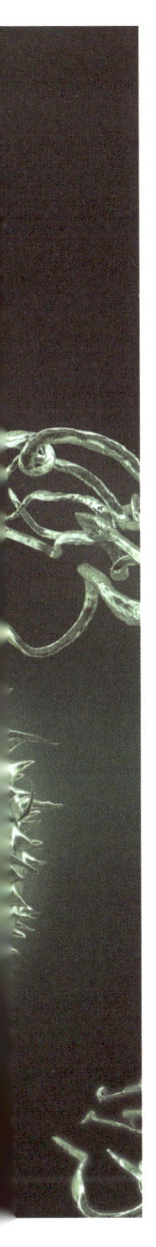

이러한 로봇의 개발에 있어 기술적으로 해결해야 할 가장 어려운 문제 가운데 하나는 로봇을 움직이도록 하는 모터를 만들어 달아주는 것이다. 마이크로 로봇의 크기가 작아질수록 모터의 크기 역시 작아져야 하기 때문에, 모터를 사용하지 않고 로봇을 움직이게 할 수 있는 방법이 연구되고 있다. 모터 대신 사용될 구동 장치로는 박테리아가 손꼽힌다. 박테리아는 채찍처럼 생긴 꼬리, 곧 편모를 사용하여 핏속에서 헤엄치기 때문이다.

미국 카네기멜론대학의 메틴 시티 Metin Sitti 는 박테리아를 로봇에 다리처럼 달아주어 로봇이 박테리아의 도움으로 아무런 구동 장치 없이도 사람의 몸속을 돌아다닐 수 있음을 보여주었다. 2007년《응용물리학 통신 Applied Physics Letters》1월 8일자에 발표한 논문에서 시티는 박테리아와 로봇을 결합한 박테리아봇 bacteria-bot 을 처음으로 선보였다.

먼저 박테리아가 잘 붙는 폴리스티렌 polystyrene 이라는 물질로 공 모양의 물체를 만들었다. 이 공의 겉면에 세라티아 마르세센스 Serratia marcescens 라는 박테리아를 5~10개 붙였다. 세라티아 박테리아는 운동 능력이 매우 뛰어나다. 박테리아가 달라붙은 폴리스티렌공을 물과 포도당 용액 안에 집어넣었다. 포도당을 섭취한 박테리아는 편모를 움직이며 초당 15마이크로미터의 속도로 폴리스티렌공을 앞으로 이동시켰다. 마이크로 로봇의 몸체 안에 항암제를 집어넣고 겉에 박테리아를 다리처럼 달아주면, 사람 몸속을 돌아다니면서 암세포 속으로 침투하여 항암제를 분출할 수 있을 것으로 기대된다.

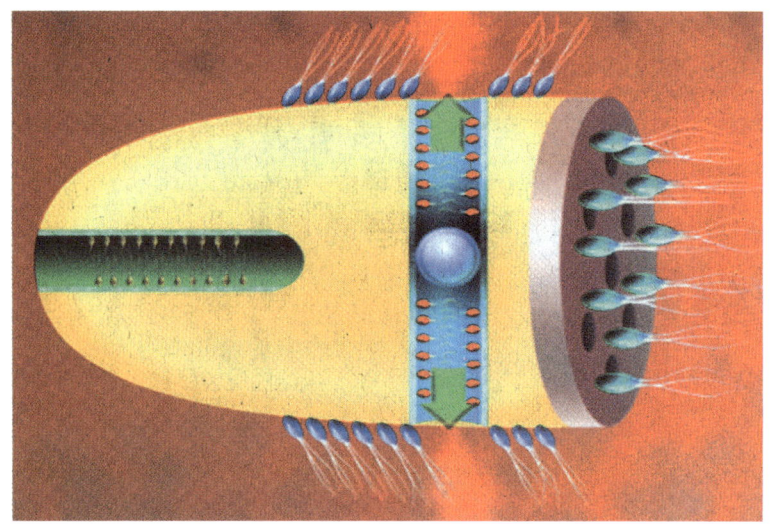

◆ 박테리아 로봇은 로봇 몸체 곁에 박테리아가 다리처럼 붙어 있어 아무런 구동 장치 없이도 몸속을 돌아다닐 수 있다. (출처 : 전남대학교 로봇연구소)

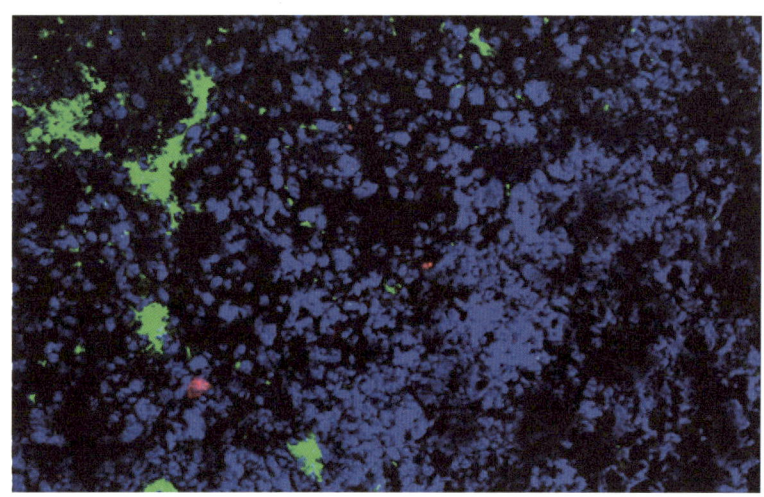

◆ 전남대 로봇연구소가 개발한 박테리아 로봇이 쥐의 몸속에 주입되고 하루가 지나서 간암세포에 모여들고 있다. (녹색은 박테리아, 화살표가 붙은 빨간색은 로봇 몸체임)

우리나라에서는 전남대학교 로봇연구소의 박종오 소장이 박테리아 로봇을 연구하고 있다. 먼저 한 변의 길이가 30마이크로미터인 정육면체를 만들고, 이 정육면체 외부에 세라티아 마르세센스 박테리아를 붙여 초당 5마이크로미터의 속도로 이동시키는 데 성공했다. 2010년 영국 왕립화학회의 학술지인 《랩온어칩 저널Journal of Lab on a Chip》 3월 10일자에 이러한 연구 결과가 발표되었다. 박종오 교수는 박테리아 로봇이 인체의 병든 부위에 약물을 전달하고 암을 치료하는 데 활용될 것이라고 확신한다.

# 세포의
# 분자 모터를 본뜬다

나노기술 전문가들에 따르면, 2030년쯤에 사람 몸속으로 들어가서 병원균을 박멸하고 손상된 세포를 수복하는 나노 크기의 로봇, 곧 나노 로봇이 출현할 것으로 전망된다.

나노 기계를 만들려면 여러 종류의 장치가 필요하다. 특히 로봇에게 동력을 부여하여 움직이게 하는 장치인 모터가 중요하다. 나노 모터를 설계하는 과학기술자들은 생물의 세포 안에서 활약하는 분자 크기의 모터, 곧 분자 모터를 본뜨는 연구를 하고 있다.

생물 세포는 분자 모터를 사용하여 영양물질을 흡수하고, 단백질을 만들고, 근육을 움직이게 한다. 한마디로 분자 모터는 세포 안에서 일어나는 모든 움직임에 필수불가결한 존재이다. 박테리아에서 사람에 이르기까지 모든 생명체는 분자 모터 덕분에 살아서 움직일 수 있는 것이다.

세포 안에 있는 분자 모터는 수백 종에 이른다. 미오신myosin과 키네신kinesin은 마치 운동선수처럼 경이로운 능력을 발휘한다. 미오신은 근육을 수축하는 힘을 제공하는 성냥개비 모양의 단백질이다. 키네신은 세포 안에서 화물차처럼 물질을 운반하는 단백질이다. 이는 세계에서 가장 작은 열차라고 할 수 있다. 만일 키네신 분자를 개미에 비유한다면, 이 개미는 감자 한 개를 혼자 옮길 만큼 힘이 세다. 미오신과 키네신은 직선형 분자 모터이지만 회전형 모터도 있다.

분자 모터는 기본적으로 에너지 변환 장치이다. 화학에너지를 기계에너지로 바꾸기 때문이다. 모든 세포에 사용되는 에너지의 원천은 탄수화물, 지질, 단백질 등 3대 영양소이다. 이 가운데서 가장 중요한 세포 연료는 탄수화물의 대표인 포도당이다. 포도당을 비롯한 영양물질은 산소에 의해 산화되어 물과 이산화탄소로 분해된다. 이때 포도당 분자가 가진 화학에너지의 일부가 아데노신3인산ATP 형태로 전환된다. 생물이 체내에서 이용할 수 있는 에너지는 ATP뿐이라고 해도 과언은 아니다.

ATP는 촉매 단백질인 효소에 의해 분해된다. 이 과정에서 ATP 형태로 저장되어 있는 화학에너지가 기계에너지로 바뀌면서 회전 운동이 일어난다. 요컨대 이 효소는 ATP를 연료로 사용하는 회전 모터로 작용한다.

세포 안의 분자 모터 단백질을 본떠서 만든 나노 모터가 잇따라 발표되고 있다.

1999년 9월《네이처》에 미국 연구진이 원자 78개로 만든 분자 모터가 발표되었다. 톱니바퀴의 원리를 바탕으로 만들어진 회전 모터이다. 톱니바퀴는 대개 한 방향으로만 잘 돌게 되어 있다. 이 분자 모터 역시 화학반응을 통해 얻은 에너지를 이용하여 한쪽 방향으로만 회전하게 설계되어 있어서 '분자 톱니바퀴'라고 불리기도 한다.

1999년 10월 미국 코넬대학의 카를로 몬테마그노Carlo Montemagno

교수는 ATP를 연료로 사용하는 나노 모터를 만들었다.

2000년 코넬대학 연구진은 ATP 분해 과정에 작용하는 효소, 즉 ATP를 연료로 삼는 회전 모터를 이용하여 만든 나노 기계를 《사이언스》에 발표했다. 이 나노 기계는 나노 기둥, 나노 모터, 나노 프로펠러로 구성된다. 나노 기둥은 지름 80나노미터, 높이 200나노미터이다. 나노 모터는 지름 8나노미터, 높이 14나노미터이다. 나노 프로펠러는 지름 150나노미터, 길이 750나노미터이다. 이 나노 기계는 나노 기둥 위에 호박처럼 생긴 나노 모터가 얹혀져 있고, 나노 모터의 꼭지에 나노 프로펠러가 붙어 있다. 이 나노 기계는 연료인 ATP를 주입하면 나노 프로펠러가 1초에 8회의 회전 속도로 시계반대 방향으로 도는 것으로 알려졌다.

회전형 분자 모터에 이어 분자 엘리베이터와 분자 컨베이어벨트도 발표되었다. 2004년 3월 《사이언스》에 발표된 분자 엘리베이터는 엘리베이터 역할을 하는 고리 분자 한 개를, 건물에 해당하는 막대 분자 한 개에 끼운 형태로 되어 있다. 높이 2.5나노미터, 지름 3.5나노미터인 나노 엘리베이터는 1층에서 2층으로, 2층에서 다시 1층으로 오르락내리락한다.

2004년 4월 미국 과학자들이 선보인 분자 컨베이어벨트는 탄소 나노 튜브로 만든 나노 기계이다. 나노 크기의 입자들을 실어서 이쪽저쪽으로 옮길 수 있으므로, 분자 규모의 공장에서 원료로 필요한 원자나 분자를 필요한 위치로 재빨리 운반하는 컨베이어벨트로 사용될 수 있을 것 같다.

2009년 5월 미국 연구진은 나노 프로펠러를 발표했다. 사람의 정자처럼 생긴 이 장치는 편모의 동작을 본떠 만들어졌다. 편모는 섬모

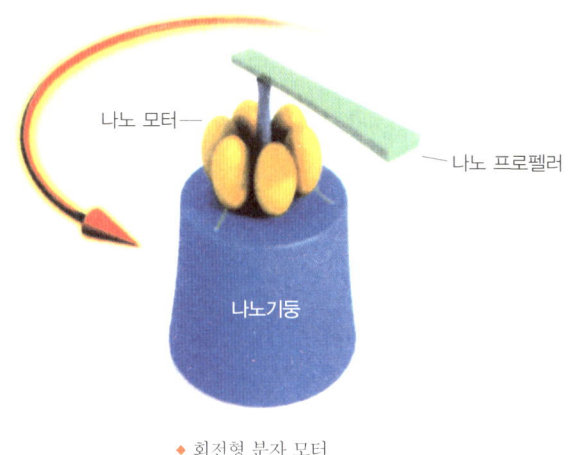

◆ 회전형 분자 모터

의 사촌인 셈이다. 사람 세포의 표면에 나와 있는 섬모는 가느다란 머리카락처럼 생겼으며 흔들린다. 지름은 수백 나노미터이고 길이는 수십 마이크로미터인 섬모는 마치 채찍을 빠르게 움직이는 것처럼 파동을 만든다. 박테리아에 달려 있는 편모 역시 물속에서 채찍처럼 헤엄치며 앞으로 나아간다. 섬모와 편모는 모두 분자 모터 단백질로 이루어져 있다. 유리를 사용하여 만들어진 이 나노 프로펠러들은 머리의 지름이 200~300나노미터, 꼬리의 길이가 1~2마이크로미터이다. 이는 인간 정자 길이의 10분의 1 미만인 것으로 알려졌다.

언젠가 사람 몸속에 투입되면 이 나노 프로펠러는 박테리아가 편모를 사용하여 물속에서 헤엄치는 것처럼 혈액 속에서 항해해 필요한 부위에 약물을 전달하는 임무를 수행할 것으로 보인다.

분자 모터, 분자 엘리베이터, 분자 컨베이어벨트, 분자 프로펠러 등 나노 기계가 다양하게 만들어짐에 따라 나노 로봇의 실현 가능성이 갈수록 높아지고 있다.

NATURE, THE GREAT MENTOR

# 3

## 인체 부품을 보완한다

생물모방 연구가 인류의 삶에 가장 직접적으로 기여하는 대표적인 분야는 신경 보철이다. 신경계의 결손 부위, 가령 눈·코·팔·다리를 본떠 만든 장치를 개발하여 손상된 감각 기능이나 운동 기능을 복구 또는 보완해주기 때문이다.

감각신경 보철의 핵심 연구 대상은 인공 눈과 인공 귀이다. 한편 운동신경 보철은 뇌-기계 인터페이스 기술에 크게 기대를 걸고 있다. 2009년 전신마비 환자가 생각하는 것만으로 휠체어를 운전하는 기술이 실현되기도 했다. 전문가들은 2020년경에 비행기 조종사가 손 대신 머릿속 생각만으로 계기를 움직여 비행기를 조종하게 될 것이라고 전망한다.

인공 장기 연구도 활발히 진개되고 있다. 특히 고래의 심장에서 영감을 얻어 만든 페이스메이커는 부정맥 치료에 획기적인 돌파구를 마련할 자연중심 기술로 높이 평가된다.

# 인공 장기와
# 신경 보철

우리 몸의 일부에 고장이 발생할 때 새것으로 바꿔줄 수 있다면 더 건강하게 오래 살 수 있을 것이다.

인체의 손상된 부위를 대체할 수 있는 인공 장치가 머리끝에서 발끝까지 거의 모든 부분에 대해 개발되고 있다. 코뼈·손가락뼈·발가락뼈 등의 인공 뼈, 어깨관절·팔관절·무릎관절 등의 인공 관절, 힘줄·근육·피부 등의 인공 조직이 신체의 기능에 버금갈 정도로 정교하게 개발되어 실용화되고 있다. 인공 수정체, 인공 치아, 의수족은 일찌감치 상업적인 생산 단계에 들어갔으며 인공 유방이나 인공 성기 역시 거의 완벽한 기능을 보여주고 있다. 생명에 직결되기 때문에 인공 신장, 인공 심장, 인공 췌장도 집중적으로 개발되고 있다.

신경계의 경우, 뇌의 기능을 연구하는 신경과학의 발전에 힘입어 손상된 부위를 보완하는 기술이 활발하게 개발되고 있다. 신경계는 외부 환경의 정보를 처리하여 인간의 행동을 통제하는 기관이다. 외부의 정보는 맨 먼저 감각기관의 수용기receptor 세포에 의해 탐지된다. 감각 수용기는 입력된 정보를 감각신경으로 보낸다. 감각신경이

◆ 인체의 손상된 부위는 머리끝에서 발끝까지 인공 장치로 대체 가능하다.

이 정보를 뇌로 전달하면 정보가 처리된다. 뇌의 출력 정보는 운동 신경에 의해 효과기effector 세포로 보내진다. 효과기는 정보의 처리 결과에 상응하는 신체의 반응을 일으킨다. 따라서 신경계가 일단 손상되면 감각 또는 운동 기능의 장애가 발생한다. 이러한 장애를 극복하기 위해 인위적인 방식으로 신경계의 결손 기능을 복구 또는 보완하려는 시도를 신경 보철이라 이른다.

　신경 보철은 전자공학과 신경생리학의 발전으로 신경 제어neural

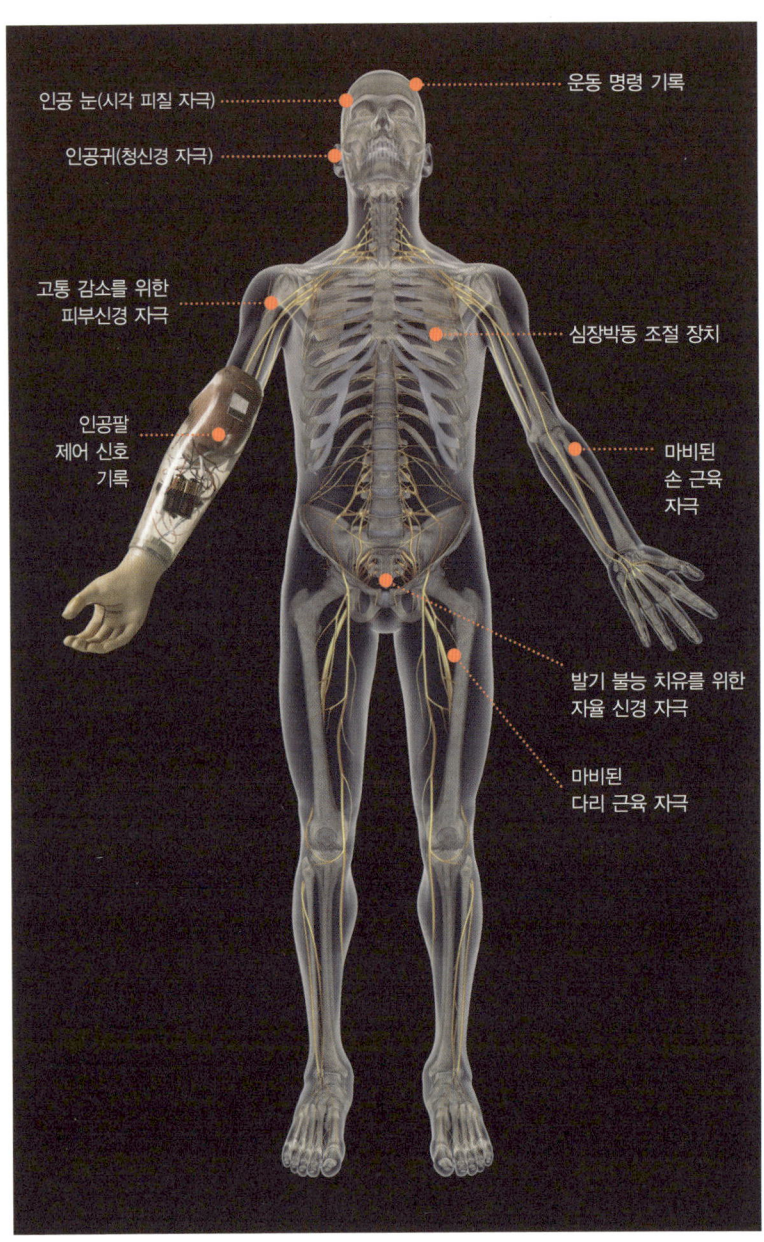

인공 눈(시각 피질 자극) ⋯⋯

운동 명령 기록

인공귀(청신경 자극) ⋯⋯

고통 감소를 위한
피부신경 자극 ⋯⋯

심장박동 조절 장치

인공팔
제어 신호
기록 ⋯⋯

마비된
손 근육
자극

발기 불능 치유를 위한
자율 신경 자극

마비된
다리 근육 자극

◆ 신경 제어 장치

control라 불리는 분야가 출현함에 따라 1980년대 후반부터 괄목할 만한 진전을 보이고 있다. 주된 연구 목표는 신경계의 결손 부위를 대체 또는 보완하는 전자 장치를 개발하는 것이다. 말하자면 신경계의 활동을 인위적으로 제어함으로써 손상된 감각 기능이나 운동 기능을 복구 또는 보완하는 장치이다.

신경 제어 장치는 인공 눈과 인공 귀, 마비된 근육 자극 장치, 심장 박동 조절 장치(페이스메이커), 고통 감소 또는 성 기능 치유를 위한 신경 자극 장치, 손을 사용하지 않고 생각만으로 기계를 움직이는 뇌-기계 인터페이스BMI 장치, 뇌의 손상된 부위를 보철하는 전자 장치 등 다종다양하다.

# 인공 눈과
# 인공 귀

신경 제어 분야에서 가장 관심을 끌고 있는 분야 중 하나는 감각에 관련된 신경 보철이다. 감각은 인간이 환경과 접촉하는 첫 단계이다. 환경의 변화에 관한 정보, 곧 자극을 받으면 감각 경험이 일어난다. 감각 경험은 감각 계통의 신경 회로에서 여러 단계를 거쳐 유발된다. 감각 신경 회로는 수용기와 감각 신경 세포(뉴런)로 구성된다. 수용기는 환경 속에 산재되어 있는 특정 형태의 물리적 에너지를 전기적 에너지로 바꿔준다. 눈의 간상체桿狀體와 추상체錐狀體 세포, 귀의 유모세포有毛細胞, 혀의 미뢰味蕾가 대표적인 수용기이다. 수용기의 정보는 감각 뉴런에 의해 뇌의 신피질로 전달된다. 신피질은 감각 정보에 따라 처리하는 부위가 다르다. 예컨대 시각 정보는 후두엽의 시각피질, 청각 정보는 측두엽의 청각피질에서 제각기 처리된다.

이와 같이 인간은 뇌가 감각기관을 통해 들어온 정보를 해석함으로써 외부 세계를 지각하게 된다. 따라서 감각기관 또는 신피질에 이상이 있을 경우에는 지각이 불가능하다. 이러한 신경계의 결손 기

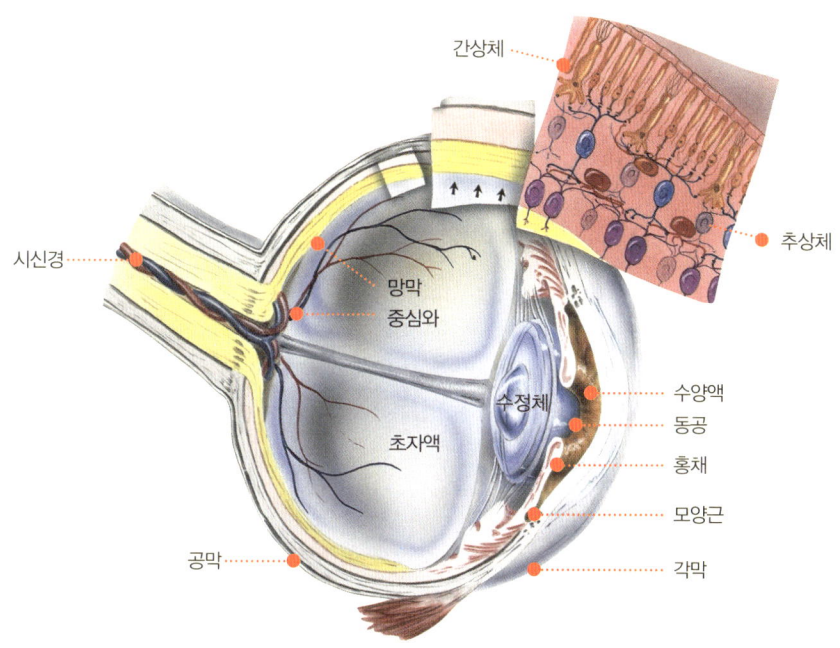

간상체

추상체

시신경

망막
중심와

수정체

수양액

동공

홍채

초자액

모양근

공막

각막

◆ 눈의 구조

능을 전자 장치로 대행시키는 기술이 감각신경 보철이다. 주된 연구 분야는 시각 및 청각의 장애이다.

시각은 눈에 들어오는 광선 자극에서 비롯된다. 인간의 시각 체계는 광학 계통, 망막, 시각 통로의 세 단계로 나눌 수 있다.

광학 계통은 눈의 구조에서 망막을 제외한 부분이다. 주요 기능은 입력되는 광선에너지에 담겨 있는 정보, 즉 이미지가 망막 위에 떨어질 때 초점을 맞춰주는 일이다. 광선이 눈에 들어올 때는 제일 먼저 일종의 보호 장문인 각막과 마주친다. 각막은 이미지를 형성하기 위해 광선을 구부리는 기능을 갖고 있으며 공막에 의해 지탱된다. 눈의 하얀 부분으로 보이는 것이 공막이다. 각막을 지난 광선은 젤리와 같은 수양액을 횡단하여 동공을 통과한다.

동공은 홍채의 중심에 있는 구멍이다. 홍채는 사진기의 조리개처럼 동공의 크기를 자동 제어하여 볼록렌즈 모양의 수정체로 가는 빛의 양을 조절한다. 동공과 함께 모양근에 의해 렌즈의 초점이 조절된다. 모양근은 수정체에 붙어 있는 근육이다. 수정체를 떠난 광선은 눈의 모양을 유지시키는 초자액을 통과한 다음 망막에 도달한다. 눈에 들어온 광선은 여러 단계를 거치기 때문에, 각막에 들어온 광선에너지의 절반 정도가 망막에 도달하게 된다.

시각 체계의 두 번째 단계인 망막은 수용기와 뉴런을 모두 갖고 있으므로, 시각 정보의 변환이 종료됨과 동시에 처리가 시작되는 곳이다. 눈동자의 뒤에 위치한 망막은 두께가 종이 한 장 정도에 불과하지만 복잡하게 구성되어 있다. 망막의 수용기에는 간상체와 추상체가 있다. 간상체는 명암 정보만을 처리하지만, 추상체는 빨강·파랑·초록 등 세 종류의 색소에 민감하게 반응하므로 색채 시각을 제공한다. 색맹이나 색약은 추상체에 이상이 있기 때문이다.

수용기는 기능뿐만 아니라 분포된 상태 역시 서로 다르다. 간상체는 망막의 주변 부위에 많지만, 추상체는 중심 부위, 특히 중심와中心窩에 밀집해 있다. 하나의 눈은 약 600만 개의 추상체와 1억 2,000만 개의 간상체를 갖고 있다.

수용기의 전기에너지는 망막에 있는 네 종류의 뉴런을 차례로 통과한다. 끝에 있는 뉴런은 신경절 세포이다. 하나의 눈에 100만 개가 있으므로 1억 2,600만 개의 수용기로부터 신경절 세포에 이르기까지 엄청난 시각 정보의 압축이 일어난다. 신경절 세포의 축색돌기가 모여서 시신경을 형성한다.

시각 체계의 마지막 단계인 시각 통로는 망막의 정보를 뇌로 전달하는 경로이다. 시각 통로는 시신경에서 출발하여 시각피질에서 끝난다.

시각장애는 시각피질이나 망막에 이상이 있을 때 야기된다. 맹인의 80퍼센트는 시각피질, 나머지 20퍼센트는 망막의 수용기가 손상되어 있다. 따라서 인공 시각은 시각피질의 전기 자극을 통해 시각을 유도하는 연구에 집중된다.

먼저 맹인의 두개골에 구멍을 뚫고 시각피질에 수백 개의 미세전극을 이식한다. 그리고 엄지손가락 크기의 카메라가 부착된 특수 안경을 쓴다. 카메라에 잡힌 이미지는 전선을 통해 두뇌에 삽입된 전극으로 보내진다. 카메라의 전기 신호가 미세전극을 통해 시각피질의 뉴런을 자극함으로써 맹인이 이미지를 지각하게 되는 것이다.

한편 맹인의 20퍼센트는 온전한 시신경을 갖고 있지만 유전적 결함이나 질병으로 망막의 수용기가 손상되어 있다. 인공 망막이 필요한 것이다. 인공 망막은 빛을 전기 신호로 바꾸는 전자 소자이다. 인공 망막을 눈의 망막 앞에 이식하여 신경절 세포를 전기적으로 직접 자극하면 시각이 어느 정도 회복될 것으로 보인다.

청각은 귀가 소리를 들을 때 시작된다. 귀는 소리의 기계적 에너지를 모으는 외이外耳, 이 에너지를 가능한 한 원래 그대로 전달하는 중이中耳, 에너지를 전기적 에너지로 바꾸는 내이內耳로 구성된다. 깔때기와 같은 작용을 하는 외이는 귓바퀴와 외청도를 포함한다. 귓바퀴가 소리를 모으면 외청도를 지나서 고막에 이른다. 고막은 외이와 중이를 갈라놓는 경계이다. 소리의 진동이 고막을 두드리면 고막은

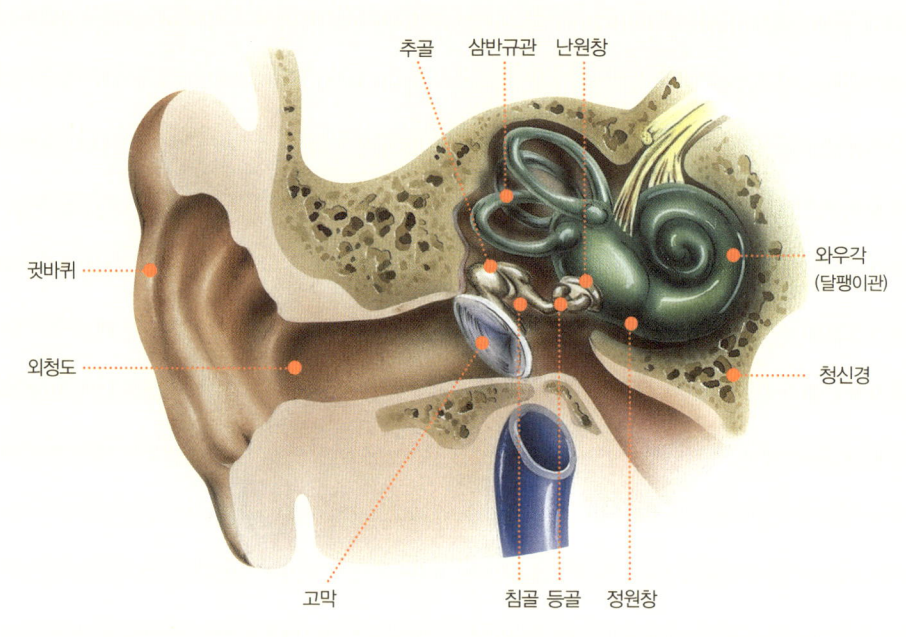

추골  삼반규관  난원창

귓바퀴

와우각
(달팽이관)

외청도

청신경

고막

침골 등골  정원창

◆ 귀의 구조

중이에 있는 청소골을 가볍게 흔든다. 추골·침골·등골 등 세 개의
작은 뼈들이 연쇄를 이루고 있는 청소골의 역할이 매우 중요하다.
귀의 내부로 들어오면서 약해진 소리의 진동을 더욱 세게 증폭시키
기 때문이다.

청소골을 지나온 고막의 진동은 등골의 움직임에 따라 내이에 있
는 난원창卵圓窓으로 전달된다. 고막과 난원창은 크기가 약 20대
1이므로 고막의 약한 진동에도 난원창은 대단히 크게 진동한다. 난
원창은 와우각蝸牛殼의 입구이다. 달팽이 모양의 완두콩만 한 와우각
안에는 청각 수용기가 들어 있다. 등골이 난원창 위를 누를 때 와우

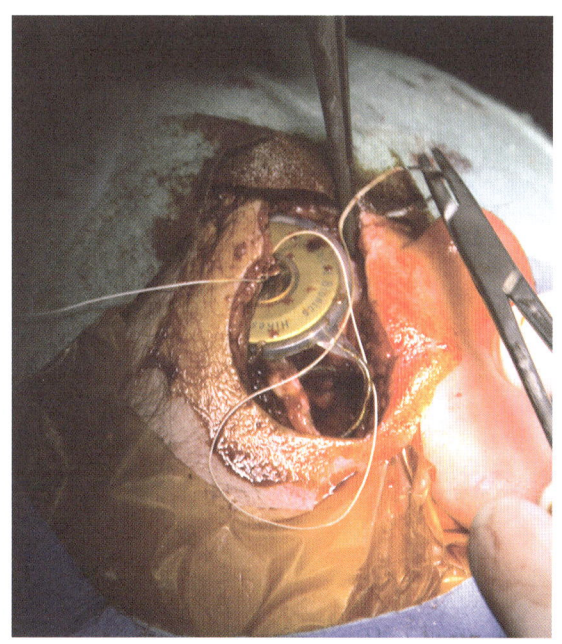

◆ 인공 와우각 이식수술

각을 가득 채운 액체 안에서 압력파가 생성된다. 압력이 높을 때는 와우각의 뒷문에 해당되는 정원창正圓窓에 의해 경감된다.

압력파는 와우각에 깔려 있는 기저막을 진동시킨다. 망막과 유사한 피부 조각으로서 그 위에 털이 늘어서 있다. 이 털이 연결된 세포가 유모세포이다. 한 귀에 24,000개의 유모세포가 네 줄로 와우각에 붙어 있다. 기저막의 진동으로 유모세포가 진동하면 털이 구부러지면서 물리적 에너지가 전기적 에너지로 변환된다. 이 에너지는 와우각에서 시발되는 청신경을 따라서 뇌의 청각피질로 보내진다.

청각장애는 대부분 유모세포의 결손에서 비롯된다. 와우각의 철통같은 보호를 받지만 노화, 항생제 등의 약물 또는 각종 소음에 의해 쉽게 죽는다. 야구장의 함성소리로 유모세포의 털이 수십여 개씩 파손될 정도이다. 요컨대 인간은 태어나는 순간부터 유모세포를 잃게 된다.

남자의 경우 평균적으로 65세가 되면 출생 당시 유모세포의 40퍼센트가량이 없어진다. 노인들이 소리를 증폭하는 보청기를 끼는 이유이다. 그러나 청각장애를 근본적으로 치유하려면 와우각 이식이 필요하다.

청각장애인은 유모세포가 없어도 청신경은 대개 살아 있다. 따라서 청신경을 인위적으로 자극하면 뇌가 소리를 지각할 수 있다. 청신경을 직접 자극하는 신경 보철 장치가 인공 와우각이다. 마이크로폰, 음향 처리 장치, 수신기, 미세전극의 네 가지로 구성된다.

귀 안의 마이크로폰이 소리를 모아서 허리에 휴대한 음향 처리 장치로 보내면 소리가 전기적 신호로 바뀐다. 이 신호는 두개골에 이식된 수신기로 중계된다. 수신기의 신호는 전선을 따라서 와우각의 오목한 부분에 박혀 있는 미세전극으로 보내진다. 미세전극이 전기적 자극을 청신경으로 전달하면 뇌가 소리를 듣게 된다. 말하자면 인공 와우각은 유모세포의 에너지 변환 과정을 우회하여 청각을 회복하는 장치이다.

인공 와우각 연구는 1980년대에 결실을 맺었다. 미국 식품의약품국FDA은 1984년에 처음으로 성인용 인공 와우각의 상용화를 승인했으며, 1990년에는 그 용도를 어린아이까지 확대했다. 우리나라에서는 1988년에 서울대와 연세대에서 이식수술에 성공했다.

# 코끼리와
# 보청기

동물들이 지진 신호, 곧 땅속에서 전달되는 진동을 감지할 수 있는 것으로 알려졌다. 땅을 통해 전달되는 진동은 공기의 경우보다 두 배 정도 멀리 간다. 거미나 전갈 따위의 작은 동물, 코뿔소·사자·코끼리와 같은 대형 육상동물이 땅의 진동을 의사소통 수단으로 사용하는 것으로 여겨진다.

1997년 미국 스탠퍼드대학의 케이틀린 오코넬-로드웰Caitlin O'Connell-Rodwell은 코끼리가 사람 귀에는 들리지 않는 낮은 주파수의 소리를 먼 거리에서도 들을 수 있음을 밝혀냈다. 코끼리가 바다 밑의 지진에 의해 갑자기 발생하는 해일, 곧 쓰나미(지진해일)가 다가오는 소리를 감지하고 스스로 사슬을 끊은 뒤 안전한 곳으로 대피한 사실이 보도된 적도 있다. 코끼리의 저주파 울음소리가 땅속에 강력한 지진 신호를 일으키면 다른 코끼리들은 코, 무릎, 발바닥을 통해 이 소리를 감지한다는 것이다.

2000년《미국 음향학회지 The Journal of the Acoustical Society of America》12월호에 실린 논문에 따르면, 코끼리는 발을 굴러서 땅속을 통해 16킬

◆ 코끼리

로미터까지 신호를 보낼 수 있다. 그러나 인간이 만들어내는 소음공해로 말미암아 코끼리들이 지진 신호를 제대로 주고받지 못해 고통을 겪고 있다는 게 전문가들의 공통된 의견이다.

　나미브의 국립공원에서 코끼리떼를 관찰한 오코넬−로드웰은 지진 감지 능력을 사람의 청각장애 해결에 응용했다. 그녀가 만든 보청기는 청각장애인들에게 큰 도움을 줄 것으로 전망된다.

# 고래 심장과
# 페이스메이커

사람의 피는 1분 동안 세 차례 온몸을 순회
한다. 혈액 순환이 원활하려면 심장이 규칙적으로 줄었다 늘었다 하
는 수축 운동, 곧 박동을 하지 않으면 안 된다.

심장 박동(심박)의 리듬이 불규칙한 상태를 부정맥不整脈이라 한다.
부정맥은 심장박동 조절 장치, 곧 페이스메이커로 고칠 수 있다. 페
이스메이커는 심장이 규칙적으로 박동하게끔 심장 근육(심근)에 부
착된 전극에 의해 전기 충격을 보내는 의료기기이다.

최초의 페이스메이커는 1950년대에 발명되었다. 1958년 미국의
기술자가 최초의 외장형 페이스메이커를 개발했다. 작은 상자에 들
어 있는 이 장치는 환자의 피부를 통해 심장 근육에 부착된 전극으
로 연결된다. 같은 해에 스웨덴에서 가슴을 절개하는 수술을 통해
페이스메이커를 심근에 부착된 전극에 연결했다. 이는 사람의 체내
에 페이스메이커를 이식한 최초의 수술로 기록되었다. 물론 이식수
술 이후 세 시간 만에 장치는 고장이 났다. 두 번째 장치 역시 이식
후 이틀밖에 작동하지 않았다. 세계 최초로 페이스메이커를 이식받

◆ 고래

은 이 환자는 1915년생이었다. 그는 죽을 때까지 26개의 페이스메이커를 이식받았다. 2001년 86세에 세상을 떠난 이 환자는 페이스메이커를 발명한 사람이나 자신에게 최초의 이식수술을 해준 의사보다 더 오래 산 것으로 밝혀졌다.

1950년대에 페이스메이커 개발에 뛰어든 젊은이가 한 명 있었다. 1953년 영국 케임브리지대학 전자공학과를 졸업한 콜롬비아 출신의 호르헤 레이놀즈Jorge Reynolds이다. 그는 1954년부터 1964년까지 외장형 및 내장형 페이스메이커를 만들어 많은 심장병 환자들에게 도움을 주었다. 1960년대에 레이놀즈는 미래의 연구개발을 위해 자신의 모든 특허를 제3자에게 넘겨주고, 여생을 페이스메이커 연구에 바치기로 결심한다.

레이놀즈가 전력투구한 연구 대상은 고래의 심장이었다. 그는 고래의 심장박동을 연구하기 위해 먼저 심전도 기록 장치를 고안했다. 이 장치는 고래의 몸에 직접 부착해야만 했다. 레이놀즈는 배 위에서 고래를 한 마리씩 잡아 자신의 손으로 직접 이 일을 해냈다. 고래 심전도 기록 장치의 자료는 인공위성을 통해 콜롬비아의 수도인 보고타의 연구실로 전송되었다. 50여 년에 걸친 연구 끝에 레이놀즈는 1만 개 이상의 고래 심전도 기록을 확보했다.

이 연구를 통해 레이놀즈는 고래가 생화학적으로 전기를 생산하는 능력이 있다는 사실을 알게 되었다. 고래는 놀랍게도 칼슘, 나트륨, 칼륨을 이용하여 6~12볼트의 전기를 생산할 수 있다. 고래 연구에서 영감을 얻은 레이놀즈는 혁신적인 페이스메이커를 고안했다.

기존의 페이스메이커는 심장에 연결되어 전지로 환자의 자연적인 전류 생산 능력을 대체한다. 그러나 레이놀즈는 고래 스스로 전기를 만들고 흐르게 하는 것처럼, 이미 사람 심장에 있는 전기를 사용하면서 단지 전기의 전도성만을 향상시키는 페이스메이커를 생각해낸 것이다. 그래서 기존의 페이스메이커와 동일한 전력을 갖는 나노 크기의 탄소 튜브를 개발했다. 이 나노 튜브 전도체는 건강한 세포에서 치료가 필요한 심장 부위로 전류를 흘려보낸다.

이 나노 페이스메이커는 길이가 700나노미터에 불과하다. 이 장치는 고래에서 성공적으로 작동되긴 했지만, 미국 식품의약품국의 승인을 받기까지는 1~5억 달러의 개발 비용이 소요될 것으로 여겨지고 있다. 어쨌거나 레이놀즈는 고래로부터 영감을 얻어 전지가 필요 없는 의료기기를 만들 수 있음을 보여주는 데 성공했다.

# 생각으로
# 비행기를 조종한다

신경공학은 사람의 뇌를 조작하는 기술이다. 뇌의 질환을 치유하는 것이 주요 목적이지만, 결국에는 뇌의 기능을 향상시키는 쪽으로 활용 범위가 확대될 것임에 틀림없다.

신경공학의 대표적인 기술은 뇌-기계 인터페이스BMI이다. 손을 사용하지 않고 생각만으로 기계를 움직이는 BMI에는 두 가지 접근 방법이 있다. 하나는 뇌의 활동 상태에 따라 주파수가 다르게 발생하는 뇌파를 이용하는 방법이다. 먼저 머리에 띠처럼 두른 장치로 뇌파를 모은다. 이 뇌파를 컴퓨터로 보내면 컴퓨터가 뇌파를 분석하여 적절한 반응을 일으킨다. 요컨대 컴퓨터가 사람의 마음을 읽어서 스스로 동작하는 셈이다.

다른 하나는 특정 부위 신경세포의 전기적 신호를 이용하는 방법이다. 뇌의 특정 부위에 미세전극이나 반도체칩을 심는다. 이러한 뇌 이식 장치를 처음으로 개발한 인물은 미국 에모리대학의 신경과학자인 필립 케네디Philip Kennedy이다.

1998년 3월 케네디가 만든 최초의 BMI 장치가 뇌졸중으로 쓰러져

목 아래 부분이 완전 마비된 환자의 두개골에 구멍을 뚫고 이식되었다. 그는 눈꺼풀을 깜박거려 겨우 자신의 뜻을 나타낼 뿐 조금도 몸을 움직일 수 없는 중환자였다. 케네디의 장치에는 미세전극이 한 개밖에 없었다. 사람의 뇌에는 운동 제어에 관련된 신경세포가 수억 또는 수십억 개 있으므로, 한 개의 전극으로 신호를 보내 몸의 일부를 움직일 수 있다고 생각한 것 자체가 엉뚱할 수 있었다.

그러나 케네디와 환자의 끈질긴 노력 끝에, 생각하는 것만으로 컴퓨터 화면의 커서를 움직이는 데 성공했다. 케네디는 사람의 뇌에 이식한 미세전극이 뉴런의 신호를 받아 컴퓨터에 전달하는 방식으로, 손을 쓰는 대신 생각만으로 기계를 움직일 수 있는 BMI 실험에 최초로 성공하는 역사적 기록을 세운 것이다.

◆ 뇌-기계 인터페이스가 사람의 생각을 컴퓨터 화면에 글자로 나타낸다.

1999년 2월 독일의 닐스 비르바우머 Niels Birbaumer 는 몸이 완전히 마비된 환자의 두피에 전자 장치를 두르고 뇌파를 활용하여 생각만으로 1분에 두 자꼴로 타자를 치게 하는 데 성공했다.

1999년 6월 브라질 출신의 미국 신경과학자인 미겔 니코렐리스 Miguel Nicolelis 와 동료인 존 채핀 John Chapin 은 케네디의 환자가 컴퓨터 커서를 움직인 것과 똑같은 방식으로 생쥐가 로봇 팔을 조종할 수 있다는 실험 결과를 내놓았다.

이어서 2000년 10월에는 부엉이원숭이를 상대로 BMI 실험에 성공했다. 원숭이의 뇌에 머리카락 굵기의 가느다란 탐침 96개를 꽂고 원숭이가 팔을 움직일 때 뇌 신호를 포착하여 이 신호로 로봇 팔을 움직이게 한 것이다. 또 원숭이 뉴런의 신호를 인터넷으로 약 1,000킬로미터 떨어진 장소로 보내서 로봇 팔을 움직이는 실험에도 성공했다. BMI 기술로 멀리 떨어진 곳의 기계를 원격 조작할 수 있음을 보여준 셈이다.

2003년 6월 이들은 붉은털원숭이의 뇌에 700개의 미세전극을 이식하여 생각하는 것만으로 로봇 팔을 움직이게 하는 데 성공했다.

2004년 니코렐리스와 채핀은 32개 전극으로 사람 뇌의 활동을 분석하여 신체마비 환자들에게 도움이 되는 BMI 기술 연구에 착수했다.

2008년 5월 미국의 신경과학자인 앤드루 슈워츠 Andrew Schwartz 는 원숭이가 생각만으로 로봇 팔을 움직여 음식을 집어먹도록 하는 데 성공했다고 밝혔다. 원숭이 뇌의 운동피질에 가느다란 탐침을 꽂고 이것으로 측정한 신경 신호를 컴퓨터로 보내서 로봇 팔을 움직여, 꼬챙이에 꽂혀 있는 과일 조각을 뽑아 자기 입에 넣게 만들었다.

BMI 기술은 1998년 필립 케네디처럼 뇌에 미세전극이나 반도체

칩을 이식하여 신경 신호를 이용하는 방법과, 1999년 닐스 비르바우머처럼 두피에 뇌파 기록 장치를 씌우는 방법으로 양분되어 발전을 거듭하고 있다.

BMI 기술을 실현한 제품도 잇따라 선보였다. 2004년 9월 미국의 신경과학자인 존 도나휴John Donoghue는 자신이 창업한 회사에서 뇌에 이식하는 반도체칩인 브레인 게이트BrainGate를 개발했다. 사람 머리카락보다 가느다란 전극 100개로 구성된 이 장치는 팔과 다리를 움직이지 못하는 청년의 신경세포 100개에 접속되도록 운동피질에 1밀리미터 깊이로 심었다. 이 환자는 생각만으로 컴퓨터 커서를 움직여 컴퓨터 게임을 즐기고, 전자우편을 열고, 텔레비전을 켜서 채널을 바꾸거나 볼륨을 조절하는 데 성공했다. 또 자신의 로봇 팔, 곧 의수를 마음대로 사용할 수 있었다. 도나휴의 연구 성과는 2006년《네이처》의 표지 기사로 실렸으며, 세계 언론의 주목을 받기도 했다.

전신마비 환자들이 생각하는 것만으로 휠체어를 운전할 수 있는 기술도 실현되었다. 2009년 5월 스페인에서, 6월 일본에서 각각 생각만으로 움직이는 휠체어가 개발되었다. 스페인의 휠체어 사용자는 16개의 전극이 달린 두건을 쓰는 반면, 일본의 것은 5개의 전극이 뇌파의 변화를 포착한다. 손을 쓰지 못하는 척추장애인들이 원하는 시간과 장소에서 소변을 볼 수 있게끔 뇌파로 작동하는 방광 제어 장치도 개발되고 있다.

국제적인 공동 연구인 '다시 걷기 프로젝트Walk Again Project'는 하반신불수 환자의 다리 근육에 기계 장치를 부착하고 뇌파로 제어하여 보행을 가능하게 하는 BMI 장치를 개발하고 있다.

BMI 전문가들은 2020년경에 비행기 조종사들이 손 대신 단지 머릿속 생각만으로 계기를 움직여 비행기를 조종하게 될 것이라고 전망한다. 2011년 3월에 펴낸《경계를 넘어서Beyond Boundaries》에서 니코렐리스는 "앞으로 20년 안에 사람의 뇌와 각종 기계 장치가 연결된 네트워크가 실현될 것"이라고 전망하고, "인류는 생각만으로 제어되는 장치를 통해 접근이 불가능하거나 위험한 환경, 예컨대 원자력발전소, 깊은 바닷속, 우주공간 또는 사람의 혈관 속에서 임무를 수행할 수 있다"고 주장했다.

신경공학의 궁극적인 목표 중 하나는 뇌 보철 장치의 개발이다. 뇌 보철은 뇌의 손상된 부위를 전자 장치로 대체하는 기술이다. 뇌 보철 기술은 뇌질환 치료에서 한 걸음 더 나아가 뇌의 기능 향상에 사용될 것임에 틀림없다. 가령 신경세포 안에서 뇌의 활동을 직접 관찰하거나 측정하는 장치가 개발될 수 있다.

이런 장치는 신경세포 활동의 정보를 무선 신호로 바꿔 뇌 밖으로 송신한다. 거꾸로 무선 신호를 신경 정보로 변환하는 수신 장치를 뇌에 삽입할 수도 있다. 송수신기 모두 반도체 소자처럼 그 크기가 작아야 한다. 사람의 뇌 안에 무선 송수신기가 함께 설치되면 뇌에서 뇌로 직접 정보 전달이 가능하다. 이런 통신 방식은 무선 텔레파시radiotelepathy라고 불린다.

전문가들이 전망한 대로 2050년경 무선 텔레파시 기술이 실용화되면 인류의 의사소통 체계는 송두리째 바뀔 것이다. 이러한 뇌 이식 장치를 가진 사람들이 전 세계의 컴퓨터 네트워크에 접속되면, 말을 하지 않고 생각으로 보내는 신호만으로 서로 의사소통을 하는 뇌-뇌 인터페이스BBI 시대가 될 터이므로 전화나 텔레비전은 물론 언어마저 무용지물이 되어 사라지게 될지 모른다.

# 네오
# 기관

1998년 5월 미국 식품의약품국은 아프리그
라프Afrigraf를 생의학 장치로 승인했다. 사람의 살아 있는 세포로 만
들어낸 피부가 최초로 승인을 받은 획기적 사건이다. 아프리그라프
는 사람 피부를 형성하는 진피와 표피의 두 층으로 이루어진 인공
피부이다.

아프리그라프는 1980년대 중반 태동한 의학 분야인 조직공학tissue
engineering이 거둔 첫 번째 결실의 하나일 따름이다.

인체는 기관organ으로 구성되어 있다. 기관은 하나 또는 몇 개의
조직으로 이루어져 생물체를 구성하고, 일정한 모양과 생리 기능을
갖는 것을 의미한다. 기관은 운동, 감각, 영양, 생식 등을 갈라 맡는
다. 요컨대 인체의 기관은 조직으로 구성되어 있다. 가령 심장이라
는 장기는 심장내막, 뇌심막, 심근 따위의 조직으로 구성되어 있다.

조직공학은 살아 있는 세포를 사용하여 실험실에서 필요한 조직
을 만드는 기술이다. 조직공학자들은 피부, 연골, 인대 따위의 단순
한 조직에서부터 심장, 간, 콩팥 등 복잡한 기관까지 제조가 가능할

것으로 확신한다. 이와 같이 사람의 세포로 만든 인체 조직이나 기관을 네오기관neo-organ이라 한다.

조직공학으로 피부와 연골같이 단순한 조직과 유방 조직은 이미 만들어냈다. 2007년에는 방광도 만들었다. 2011년 3월 미국의 과학 저술가인 미치오 카쿠Michio Kaku, 加來道雄, 1947~가 펴낸《미래의 물리학Physics of the Future》은 2015년 간과 심장, 2017년 허파와 콩팥이 실현되며, 2030년 전후로 인체의 기관과 조직의 95퍼센트가 네오기관으로 교체 가능할 것이라고 전망했다.

# 4

## 인공생명

인공생명은 컴퓨터를 사용하여 살아 있는 것 같은 행동을 보여주는 인공물의 개발을 겨냥하는 학문이다. 인공생명이 가장 괄목할 만한 성과를 내놓은 분야는 유전 알고리즘과 곤충 로봇이다.

유전 알고리즘은 생물 진화의 중심 개념인 자연선택을 본떠서 인간의 문제를 해결하는 컴퓨터 프로그램이다. 말하자면 유전자 재조합과 돌연변이에 의해 생물이 진화되는 자연선택 원칙에 입각하여 만든 소프트웨어이다. 유전 알고리즘을 약간 수정한 유전 프로그래밍은 진화적 예술에서 성공적으로 활용되고 있다. 생물이 진화하는 과정을 프로그램에 응용한 예술적 작품이 발표되기도 했다.

한편, 로드니 브룩스가 설계한 곤충 로봇은 인공생명의 접근방법으로 거둔 최고의 성과로 평가된다.

# 컴퓨터로
# 생명을 만든다

생물처럼 새끼를 낳는 기계를 만들 수는 없을까? 이처럼 엉뚱한 생각을 글로 남긴 대표적 인물은 영국의 소설가인 새뮤얼 버틀러Samuel Butler, 1835~1902이다. 1863년에 발표한 에세이 〈기계에 둘러싸인 다윈Darwin Among the Machines〉에서 버틀러는 "기계에게 다른 기계를 낳도록 가르칠 수 있다"고 주장했다. 1872년 펴낸 소설 《에레혼Erewhon》에도 이런 도발적인 생각을 고스란히 담아내서 당대에 논쟁적인 인물로 부각되었다.

자식을 낳는 기계, 곧 자기증식하는 기계의 필요성을 본격적으로 제기한 과학자는 영국의 존 버널John Bernal, 1901~1971이다. 1929년에 펴낸 《세계, 육체, 악마The World, the Flesh and the Devil》라는 소책자에서, 인류의 진보를 가로막는 세 개의 적으로 가난·홍수와 같은 물질적 장애(세계), 질병·노화·죽음과 같은 신체적 약점(육체), 마음속의 탐욕·질투·광기(악마)를 열거하고, 인류가 이를 극복하기 위해 자기증식하는 기계를 만들게 될 것으로 전망했다.

생물처럼 자식을 낳는 기계의 실현 가능성에 대해 해답을 내놓은 사람은 헝가리 태생의 미국 컴퓨터이론가인 존 폰 노이만John von Neumann, 1903~1957이다. 그는 1945년 프로그램 내장식 컴퓨터를 제안했다. 이는 오늘날 컴퓨터 설계의 기초를 확립한 혁명적 개념이다. 하나의 제어 장치를 사용하여 데이터를 순차적으로 처리하는 직렬 컴퓨터의 구조를 '폰 노이만 구조'라고 부르게 된 까닭이다.

1948년 폰 노이만은 자기증식 자동자self-reproducing automata 이론을 발표했다. 자동자(오토마타)는 본래 생물의 행동을 흉내내는 자동 기계를 뜻했으나, 컴퓨터의 출현으로 사람의 뇌처럼 정보를 처리하는 기계를 의미하게 되었다. 이러한 자동자의 개념을 더욱 확장시킨 것이 폰 노이만의 이론이다. 그는 계산 능력뿐만 아니라 스스로 자기의 복제품을 생산할 수 있는 능력을 가진 기계, 곧 자기증식 자동자를 설계할 수 있다고 주장한 것이다.

폰 노이만의 자동자 이론을 요약하면, 자기증식 기계를 만들기 위해서는 그 기계의 기술description 안에 포함된 정보가 반드시 두 종류의 상이한 방식으로 사용되지 않으면 안 된다. 한 번은 자식 기계를 생산할 때 부모 기계가 실행하는 명령으로 사용된다. 그리고 자식 기계에게 부모 기계의 기술을 전달하기 위해 복제할 때 사용된다.

이는 분자생물학에서 유전이 성립되는 현상을 설명하는 개념과 흡사하다. 디옥시리보핵산DNA의 유전 정보는 서로 다른 방법으로 두 번 사용되기 때문이다. 한 번은 유전 정보에 의해 단백질이 합성되는 과정에서 사용되고, 또 한 번은 유전 정보를 아비로부터 자식에게 전승하기 위해 복제할 때 사용된다.

폰 노이만의 이론은 비록 상상력의 산물이긴 하지만, 그로부터 5년 뒤에 DNA 분자의 이중나선 구조가 발견되었다는 측면에서 볼 때 실로 경이로운 탁견이라 아니 할 수 없다.

증식 기능은 생물과 무생물을 구별하는 본질적 특성의 하나이다. 이러한 증식 기능을 기계로 실현할 수 있는 가능성이 엿보임에 따라 생명의 논리logic에 대한 연구가 활기를 띠게 되었다. 다시 말해서 생물체를 구성하는 물질을 완전히 배제하고 오로지 생물체의 논리적 구조에 입각하여 생명체의 행동을 연구하는 계기가 마련된 것이다.

그러나 폰 노이만은 자신의 자동자 이론에 만족하지 않았다. 왜냐하면 자기증식 과정의 논리가 그 과정의 물질로부터 보다 완벽하게 분리되는 것을 보여주지 못한 이론이라고 생각했기 때문이다. 따라서 3년 뒤인 1951년 세포 자동자cellular automata라고 명명된 새로운 자기증식 모델을 내놓았다. 바둑판처럼 생긴 격자 모양의 평면을 사용하는 이 모델에서는 자기증식하는 유기체가 네모난 칸의 집단으로 구성된다.

이 모델을 세포 자동자라고 부르는 까닭은 네모난 칸이 세포처럼 더 이상 분할될 수 없는 기본 단위이고, 또한 세포가 분열을 거듭하면서 그 수효를 증식시키는 것처럼 행동하기 때문이다. 그러나 폰 노이만은 세포 자동자의 연구를 체계화하기 전에 세상을 떠났다. 그가 남긴 논문은 동료에 의해 마무리되어, 1966년 폰 노이만의 이름으로 출판되었다. 이 책에 소개된 폰 노이만의 세포 자동자에 대한 수학적 증명은 무려 100쪽이 넘는다.

세포 자동자 이론이 전 세계 과학자들의 이목을 끌게 된 것은 1970년 마틴 가드너Martin Gardner, 1914~2010가 미국의 과학월간지《사이언티픽 아메리칸Scientific American》의 고정 칼럼에 '생명Life'을 소개한 뒤부터였다. '생명'은 영국의 수학자인 존 콘웨이John Conway, 1937~ 가

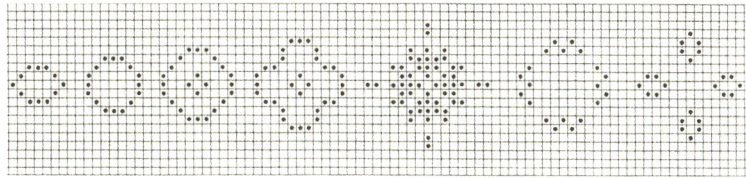

◆ '생명' 게임이 보여주는 꽃의 일생

1968년에 발명한 세포 자동자이다. 네모난 칸으로 구성된 격자 모양의 판 위에서 혼자 하는 일종의 게임이다. 각 칸의 운명이 아주 간단한 규칙에 따라 생존, 죽음, 탄생의 세 가지로 결정되기 때문에 게임이 진행되면서 매우 다양한 형태가 나타난다.

예컨대 한 송이 꽃의 생명이 순환하는 과정을 연상시키는 형태의 경우, 씨앗이 자라서 꽃이 피고 그러다가 시들어서 작은 씨앗을 남겨놓고 죽는 과정을 보여준다. 다섯 개의 칸으로 구성된 어떤 구조의 경우에는, 시종일관 그 형태를 유지하면서 마치 글라이더처럼 일정한 방향으로 움직인다. 이와 같이 단순한 규칙에 의해 생명체처럼 복잡한 행동과 구조가 생성될 수 있음을 멋들어지게 보여줌에 따라, 세포 자동자는 1970년대 초반 젊은 컴퓨터과학자들의 대화에 곧잘

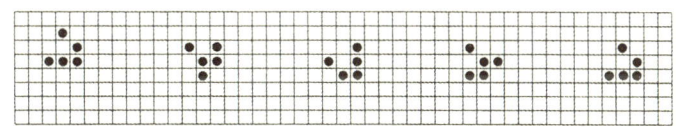

◆ 글라이더 세포 자동자

등장하는 단골 상투어로 자리잡았다.

그러나 컴퓨터를 이용하여 생명체의 행동을 연구하려는 움직임은 곧바로 그 열기가 냉각되어 쇠퇴하고 말았다. 컴퓨터 연구 인력이 대부분 실질적인 응용 분야 쪽에 관심을 갖게 되었기 때문이다. 따라서 1970년대 중반부터 1980년대 초반까지 컴퓨터에 기초한 생명의 연구는, 서로 격리된 채 고집스럽게 탐구를 계속해온 극소수의 학자들에 의해 그 명맥이 유지되었을 따름이다.

상황이 급변한 것은 1980년대 중반 이후이다. 생명체의 행동을 컴퓨터로 실현하기 위해 여러 분야에서 산발적으로 진행되어온 연구를 하나로 통합시킨 새로운 학문이 태동했기 때문이다. 다름 아닌 인공생명artificial life 이다. 인공생명이라는 용어를 만들어내고 1987년 9월에 이 학문의 탄생을 공식적으로 천명한 세미나를 주관한 장본인은 크리스토퍼 랭턴Christopher Langton 이다. 1948년 미국 태생인 랭턴은 1980년대 중반까지 과학기술계에 알려지지 않은 무명인사였다.

랭턴은 단순한 논리적 규칙에 의해서 세포 자동자가 보여주는 행동, 즉 자기증식 기능을 이용하면 생명을 컴퓨터 안에서 인공적으로 합성해낼 수 있을지도 모른다는 생각을 하고 생애를 건 연구에 몰두했다. 그리고 시행착오를 거듭한 끝에 컴퓨터를 사용하여 자기증식하는 고리를 만들어냈다. 산호초처럼 생긴 이 고리는 큐(Q) 자 모양의 생명체가 증식을 거듭하여 생성된 수많은 Q자가 서로 연결된 세포 자동자이다.

폰 노이만이 생명체처럼 증식하는 기계의 설계 가능성을 이론적으로 증명했지만 그것을 컴퓨터 화면 위에서 처음으로 실현해 보인 사람은 랭턴이기 때문에, 폰 노이만이 인공생명의 아버지라면 랭턴

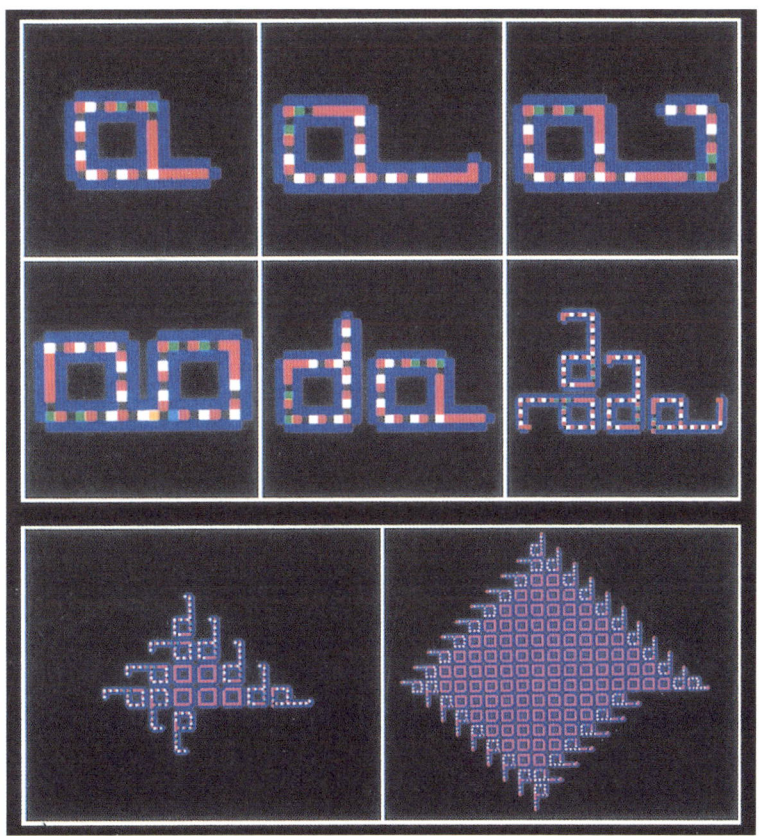

◆ 자기증식하는 고리

은 그 산파역이라는 비유에 대부분 동의하고 있다.

랭턴에 따르면, 인공생명은 '생명체의 특성을 나타내는 행동을 보여주는 인공물의 연구'라고 정의된다. 말하자면 살아 있는 것 같은 행동을 보여줄 수 있는 인공물의 개발을 겨냥하는 학문이다. 따라서 기계에 생명을 불어넣는 방법의 연구가 가장 중요한 과제이다.

생물학에서는 생명체를 하나의 생화학적 기계로 본다. 그러나 인공생명에서는 생명체를 단순한 기계가 여러 개 모여서 구성된 집합체로 간주한다. 가령 단백질이나 DNA 분자는 살아 있지 않지만, 그들의 집합체인 유기체는 살아 있다. 따라서 인공생명에서는 생명을 이러한 구성 요소의 상호작용에 의해서 복잡한 집합체로부터 출현하게 되는 현상이라고 설명한다. 다시 말해서 생명을, 생물체를 구성하는 물질 그 자체의 특성으로 보는 대신에, 그 물질을 적절한 방식으로 조직했을 때 물질의 상호작용으로부터 창발創發 하는 특성으로 전제하는 것이다. 요컨대 생명은 수많은 무생물 분자가 집합된 조직으로부터 솟아나는 창발적 행동emergent behavior 이라는 의미이다.

창발은 인공생명의 기본이 되는 핵심 개념이다. 따라서 인공생명에서는 구성 요소의 상호작용이 생명체의 행동을 보여줄 수 있도록 구성 요소를 조직할 수 있다면 그 기계가 생명을 갖게 될 것으로 기대하고 있다. 이를테면 구성 분자를 적절한 방법으로 조직하여 완벽한 박테리아를 만들어낼 수 있다면, 그 인공 박테리아는 틀림없이 자연의 박테리아처럼 살아 있는 것 같은 행동을 보여주게 될 것으로 믿고 있는 것이다.

그러므로 인공생명에서는 생명체를 구성하는 요소의 행동을 이해하는 일이 무엇보다 중요하다. 그러나 구성 요소 사이의 상호작용이 본질적으로 비선형非線型이기 때문에 선형계에서처럼 구성 요소의 행동을 개별적으로 이해하는 것은 무의미하다. 선형계는 전체의 행동이 구성 요소의 행동의 총계와 일치하기 때문에 구성 요소를 분석하여 이것을 짜맞추면 전체의 행동을 이해할 수 있다. 그러나 비선형계는 전체의 행동이 구성 요소의 행동의 총계를 항상 상회하기 때문에 분석의 방법으로는 도저히 전체의 행동을 파악할 수 없다. 따라서 인공생명에서는 구성 요소를 조직하여 전체의 행동을 합성해내는 방법을 채택하고 있다.

여기서 인공생명과 생물학이 생명을 연구하는 접근방법이 정반대임을 알 수 있다. 생물학은 하향식top-down이지만 인공생명은 상향식bottom-up이다. 생물학은 개체, 기관, 조직, 세포의 순서로 계층을 내려가면서 구성 물질을 분석한다. 그러나 인공생명은 비선형적으로 상호작용하는 구성 요소를 적절한 방식으로 조직하면서 집합체의 행동을 합성한다. 말하자면 생물학은 환원주의reductionism에 의존하지만 인공생명은 전일주의holism에 입각하여 생명의 이해에 접근하는 셈이다.

인공생명은 풋내기 과학임과 동시에 학제 간 연구이다. 따라서 연구 영역 역시 매우 광범위하며 접근방법 또한 매우 다양하다. 그러나 한 가지 공통점은 컴퓨터를 도구로 사용하여 생명의 창조를 시도하고 있다는 것이다.

주요한 관심 분야는 자기복제 프로그램, 진화하는 소프트웨어, 로봇공학의 세 가지로 간추릴 수 있다.

자기복제 프로그램의 대표적인 본보기는 컴퓨터 바이러스이다. 컴퓨터 사용자를 괴롭히는 골칫덩어리임에는 틀림없지만 컴퓨터 바이러스가 생명체의 주요한 특성을 대부분 충족시키고 있기 때문에 인공생명 연구에 유용하게 사용될 가능성이 높은 것으로 보고 있다. 생물학적 바이러스가 질병을 일으키지만 의약품 개발에 사용되는 것과 같은 맥락이라 할 수 있다.

생물처럼 진화하는 소프트웨어로는 미국의 존 홀랜드John Holland, 1929~ 가 1975년 완성한 유전 알고리즘genetic algorithm이 유명하다. 홀랜드는 진화의 두 가지 과정인 자연선택과 유성생식을 이용하여 문제 해결 능력을 가진 컴퓨터 프로그램을 개발했다. 유전 알고리즘은 한마디로 유전자 재조합과 돌연변이에 의해 생물이 진화되는 자연선택 원칙에 입각하여 만들어진 소프트웨어이다.

인공생명의 접근방법에 의해 가장 괄목할 만한 결과를 내놓은 분야는 로봇공학이다. 매사추세츠공과대학의 로드니 브룩스는 종래의 인공 지능 기법과는 달리 인공생명의 상향식 방법으로 이동 로봇의 개발에 접근하여 성과를 올리고 있다. 그가 개발한 곤충 로봇은 텔레비전 화면의 청소에서부터 화성 탐사에 이르기까지 다양하게 활용될 전망이다.

# 자연선택을 본뜬
# 소프트웨어

　　　　　　　　　　　인간은 신체의 복잡하고 정교한 구조 때문에
기계 장치, 특히 시계에 곧잘 비유되었다. 18세기 영국의 신학자 윌
리엄 페일리William Paley, 1743~1805는 시계를 설계한 시계공이 있는 것처
럼 인간 역시 초자연적 권능을 가진 설계자에 의해 창조되었다고 주
장했다.

　1802년 발표된 논문 〈자연신학Natural Theology〉에서 페일리는 기계
적인 완벽성을 갖춘 척추동물의 눈을 망원경에 비유하고, 망원경의
설계자가 있는 것과 똑같은 이치로 눈의 설계자가 반드시 존재한다
는 논리를 펼쳤다. 그가 내세운 설계자는 다름 아닌 하느님이다. 생
물체는 조물주라는 시계공이 만든 살아 있는 시계라는 것이다.

　페일리의 이론이 19세기 초반까지 통용되고 있었기 때문에, 1859년
찰스 다윈Charles Darwin, 1809~1882의 《종의 기원The Origin of Species》이 출간
되었을 때 대부분의 사람들은 진화론을 이해하기는커녕 이해하려는
노력조차 하지 않았다.

　페일리의 논문에서 '시계공'이라는 용어를 차용하여 페일리와는

정반대로 의미를 부여한 사람은 리처드 도킨스Richard Dawkins, 1941~ 이다. 영국 옥스퍼드대학의 동물학 교수인 도킨스는 자연에 존재하는 유일한 시계공은 조물주가 아니라 자연선택이라고 정의했다.

다윈 이론의 중심 개념인 자연선택은 적자생존survival of the fittest으로 규정된다. 적자생존은 본래 빅토리아 시대의 철학자 허버트 스펜서 Herbert Spencer, 1820~1903가 제창한 표어이다. 19세기 말엽 악덕 자본주들이 적자생존의 뜻을 '생존 투쟁에서는 오직 강자만이 살아남는다'라고 자의적으로 해석하여 그들의 임금 착취가 자연법칙이기 때문에 도덕적으로 정당하다고 합리화한 것이 빌미가 되어 오늘날까지 그 의미가 왜곡되어 쓰이는 사례가 많지만, 다윈은 적자생존을 '더 많은 자손을 남긴다'는 뜻으로 사용했다.

다윈에 따르면 적성fitness, 곧 잘 적응한다는 것은 차등적인 생식의 성공을 의미한다. 다시 말해서 적자는 살아남아 경쟁하는 다른 개체보다 생존할 수 있는 그들의 자손을 더 많이 생산하여 자신의 집단 속으로 퍼뜨린다는 뜻이다. 요컨대 자연선택은 부적자를 단순히 멸망시키는 것이 아니라 적자를 반드시 발전시킨다는 것이다. 자연선택을 이와 같이 진화의 창조적 추진력으로 본 것이 다윈 이론의 핵심이다.

자연선택은 미래에 대한 목적이나 결과에 대한 계획 없이 임의적으로 진행된다. 앞을 못 보는 맹인의 행동에 견줄 수 있다. 그럼에도 불구하고 자연선택의 결과로 나타나는 생물체는 마치 위대한 시계공의 손길이 닿은 것처럼 정교하게 설계된 모습을 갖추고 있다. 이러한 맥락에서 도킨스는 자연선택을 '눈먼 시계공'에 비유하고 다윈의 진화론을 적극 옹호한 저서인 《눈먼 시계공The Blind Watchmaker》

(1986)을 내놓았다.

베스트셀러가 된 이 저서에서 도킨스는 단계적이고 단순한 과정에 의해 복잡한 구조를 가진 시계가 조립되는 것처럼, 자연선택에 의한 점진적이고 누적적인 진화 과정이 진행됨에 따라 단순한 생물로부터 복잡한 생명체가 출현하게 되었음을 강조했다. 도킨스는 자신의 주장을 생생하게 보여주기 위해서 '눈먼 시계공'이라는 컴퓨터 프로그램을 작성했다.

이 프로그램에 의해 컴퓨터 화면에 생성되는 창조물은 '바이오모프biomorph'라고 불린다. 영국의 저명한 동물행태학자인 데즈먼드 모리스Desmond Morris, 1928~ 가 동물 같은 모양을 가진 그의 그림에 붙인 신조어이다. 도킨스는 바이오모프가 얼마나 다른 모습으로 진화되는가를 알아보기 위해서 눈먼 시계공 프로그램을 만든 것이다.

처음에는 선으로 그린 간단한 나뭇가지 모양으로 출발했으나 돌연변이를 거듭한 끝에 단지 29세대 만에 거미처럼 생긴 바이오모프가 컴퓨터 화면에 떠올랐다. 도킨스는 경악하지 않을 수 없었다. 나무의 구조가 보다 복잡한 가지로 진화될 것으로 기대한 그의 예상과는 전혀 딴판인 결과가 나왔기 때문이었다. 그의 직관으로는 도저히 상상할 수 없는 바이오모프의 출현에 대해 도킨스는 다음과 같이 책에 적고 있다.

나는 이렇게 절묘한 창조물이 내 눈앞에 나타나는 것을 처음 본 순간 내가 맛본 환희를 도저히 감출 수 없다. (……) 나는 그날 아무것도 먹지 못했다. 그날 저녁 나의 곤충들은 내가 잠들려 할 때 눈꺼풀 뒤로 떼지어 몰려들었다.

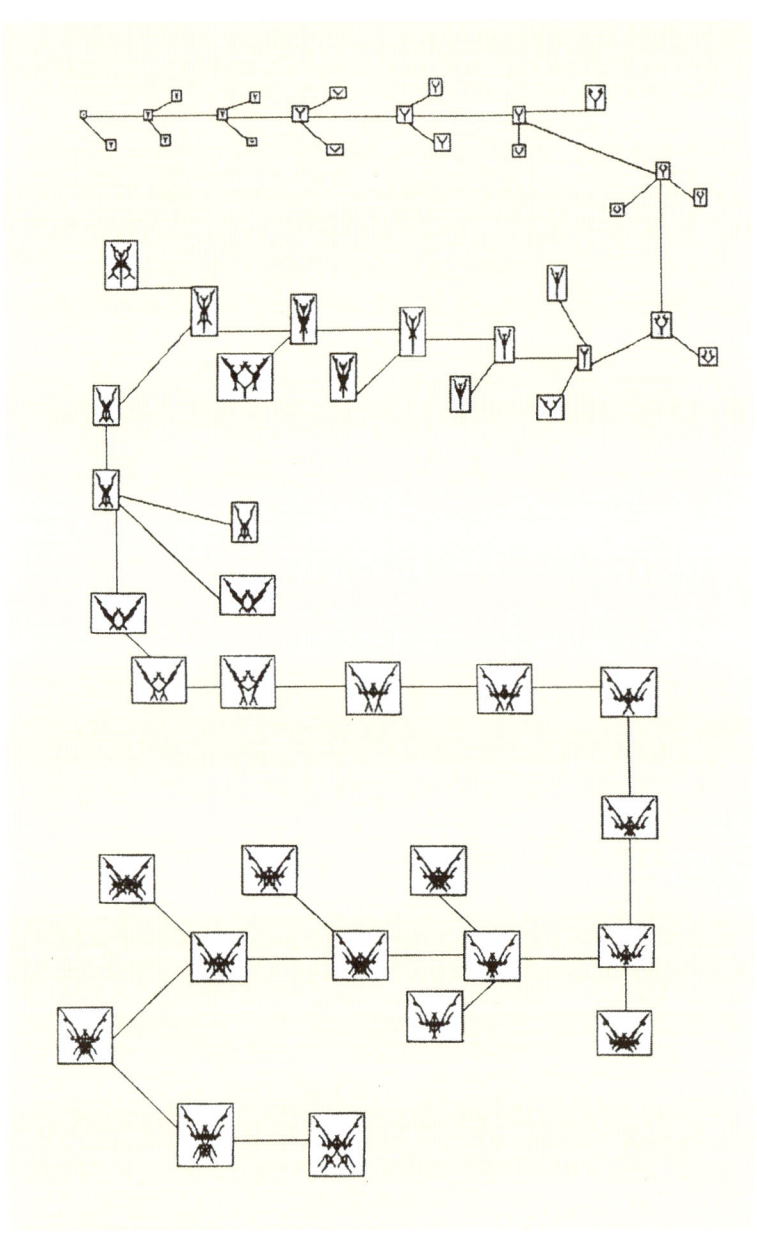

◆ 바이오모프 출현 과정.

도킨스는 이 프로그램으로 임의적인 돌연변이의 작은 변화가 누적되어 다양한 종류의 바이오모프, 이를테면 박쥐·전갈·캥거루·새우 따위가 출현하는 것을 보여줌으로써 다윈의 진화론을 옹호한 자신의 입지를 강화했다.

도킨스보다 십수 년 앞서서 자연선택을 시계 조립 과정에 견주어 설명한 사람은 미국의 허버트 사이먼Herbert Simon, 1916~2001이다. 1978년 노벨경제학상을 받은 석학이자 컴퓨터과학, 특히 인공 지능 분야의 이론적 토대를 만든 인물이다. 1969년에 펴낸《인공의 과학The Science of Artificial》에서 사이먼은 자연선택에 관한 흥미로운 논리를 전개했다. 이 저서는 1980년대 후반부터 최대 관심사로 떠오른 복잡성 이론의 고전으로 평가되고 있다.

사이먼은 약 1,000개의 부품으로 시계를 조립하는 두 사람의 성공과 실패를 대비시켜 생물 진화를 설명했다. 한 사람은 손님의 주문대로 거의 모든 부속품을 일일이 조립하여 시계를 만든 반면에, 다른 시계공은 미리 기능별로 관련 부품끼리 조립해둔 몇 개의 반제품을 짜맞춰 시계를 완성했다. 후자의 경우, 10개 부품을 한 뭉치로 만든 다음에 이 뭉치들을 다시 10개씩 반제품으로 조립해두었다가 주문에 따라 10개의 반제품을 적절하게 조립하여 완제품을 만드는 방식이었다. 어쨌든 두 사람 모두 고객의 주문이 쇄도할 만큼 막상막하의 솜씨를 자랑했다. 그러나 시간이 갈수록 한 사람은 사업이 번창한 반면에 한 사람은 문을 닫을 지경이 되었다.

사이먼의 설명에 따르면, 부품을 일일이 조립한 시계공은 고객이 만족하여 주문량이 늘어날수록 그만큼 작업 시간이 많이 소요되었기 때문에 결국 납기를 제대로 지키지 못해서 폐업이 불가피했지만,

반제품을 사용한 시계공은 고객의 요구를 완벽하게 충족시키지는 못했을망정 납기는 충실히 지킬 수 있었기 때문에 영업을 지속할 수 있었다.

사이먼은 성공한 시계공의 조립 방식에서 본 바와 같이 임의적인 과정에 의해 단순한 요소로부터 복잡한 형태가 진화될 수 있는 것은 반제품처럼 중간 단계의 안정된 구조가 존재했기 때문이라고 설명하고, 이를 가리켜 '정자定者 생존survival of the stable'이라고 표현했다.

이러한 맥락에서 사이먼은 단세포생물로부터 다세포생물이 진화된 까닭은 고유한 이름을 가질 만큼 충분히 독립적이고 안정된 구성요소, 이를테면 세포·조직·기관 등의 계층 구조를 생물체가 갖고있기 때문이라고 설명했다. 말하자면 생물 진화의 추진력인 적자생존은 보다 일반적인 법칙인 정자생존의 특수한 사례에 해당된다는 의미이다.

성공한 시계공의 경우, 가급적이면 고객이 원하는 시계에 적합한 반제품을 고르기 위해서 경험을 통해 축적된 기술을 총동원함과 아울러 시행착오를 거듭했음은 말할 나위가 없다. 따라서 시계공이 성공한 이유는 두 가지로 집약된다. 하나는 시계 조립의 진행 속도를 단축시켜준 중간 부품의 존재이며, 다른 하나는 시계공이 부품을 선택할 때 활용한 과거의 경험과 시행착오이다. 인간의 문제 해결 방법을 보여주는 한 가지 유형으로 손색이 없는 본보기라 할 수 있다.

문제 해결은 '인간이 목표 달성을 지향하는 행동'으로 정의된다. 무릇 인간이 일상생활에서 문제를 해결하는 방략方略에는 연산법(알고리즘)algorithm과 발견법(휴리스틱)heuristic의 두 가지가 있다. 알고리즘은 문제 해결에 필요한 모든 조작이 단계별로 명시된 절차이다.

예컨대 '23의 17배는 얼마인가'와 같은 문제는 곱셈 규칙에 따라 계산한다. 컴퓨터 프로그램이 알고리즘의 대표적인 보기이다. 한편 휴리스틱은 과거에 비슷한 문제를 해결했던 경험을 바탕으로 가설을 형성하여 해결하는 방법이다. 예컨대 '추수철에 장마가 지면 어떻게 해야 하는가' 따위의 문제는 알고리즘으로 도저히 풀 수 없으므로 경험적 법칙으로 해결해야만 된다. 사람들이 직면하는 대부분의 문제는 휴리스틱에 의해 해결된다.

사이먼이 자연선택을 전혀 무관해 보이는 문제 해결과 연결시킨 이유가 분명해졌다. 그는 인간이 목표 달성을 위해 문제 해결을 하는 도중에 부분적으로 얻는 중간 결과가 시계 조립에 사용되는 반제품과 동일한 역할을 하는 것으로 보았으며, 휴리스틱에 의한 시행착오로 반제품을 고르는 과정에서 적자는 선택되고 부적자는 버려지는 것을 자연선택과 동일한 개념으로 파악한 것이다. 이와 같이 생물 진화의 중심 개념인 자연선택을 인간의 문제 해결 방법으로 제시한 것은 참으로 놀라운 아이디어가 아닐 수 없다.

자연선택을 이용하여 문제를 해결하는 컴퓨터 프로그램을 최초로 개발한 사람은 미국 미시간대학의 존 홀랜드 교수이다. 컴퓨터과학이 정규 과정으로 채택된 이후 처음으로 1959년에 박사학위를 받았기 때문에 세계 최초의 컴퓨터 박사로 간주되는 인물이다.

박사학위를 받은 뒤에 그의 인생행로에 결정적인 영향을 준 저서는 그가 태어난 이듬해인 1930년에 영국의 생물학자 로널드 피셔Ronald Fisher, 1890~1962가 펴낸《자연선택의 유전 이론The Genetical Theory of Natural Selection》이다. 피셔는 진화론과 유전학을 통합시킨 이른바 신다윈주의neo-Darwinism를 창시한 주역 중 한 사람이다. 그는 이 책에서 진화를 수학적 이론으로 처음 설명했기 때문에 획기적인 명저로 평가되고 있다.

홀랜드는 진화를 수학적으로 풀이한 대목에 감명을 받아 진화의 두 가지 과정인 자연선택과 유성생식을 이용하여 문제 해결 능력을 가진 컴퓨터 프로그래밍 기법을 개발하기로 결심했다. 그는 외로운 연구를 거듭한 끝에 유전 알고리즘GA을 완성하고, 1975년에 그의 이론을 집대성한 저서인 《자연 및 인공계에서의 적응Adaptation in Natural and Artificial Systems》을 펴냈다. 유전 알고리즘은 한마디로 유전자 재조합과 돌연변이에 의해 생물이 진화되는 자연선택 원칙에 입각하여 만든 소프트웨어이다.

생물의 체세포가 두 개로 분열될 때 염색체가 두 개씩 생겨나서 제각기 딸세포에게 그대로 전달된다. 그러나 예외가 있다. 정자와 난자 같은 생식세포를 만들기 위한 세포분열의 경우에는 염색체 수가 분열 전의 절반으로 감소된다. 이를 감수분열meiosis이라 한다. 감수분열 동안에는 염색체 사이에 유전물질의 교환이 일어난다. 이러한 유전자의 재조합을 일러 교차crossover라 한다.

유전 알고리즘은 이러한 과정을 수학과 논리학의 영역으로 옮겨 놓은 것이다. 따라서 유전 알고리즘에서 문제 해결에 사용되는 조작자operator에는 기본적으로 생식, 교차, 돌연변이의 세 종류가 있다. 여기서 조작자는 목표를 직접 달성하는 행동을 말한다. 생식 조작자는 문제 해결에 가장 적합한 유전 암호를 복제하고, 교차 조작자는 유전 암호의 일부분을 교환하며, 돌연변이 조작자는 유전 암호에서 발생되는 임의적인 소규모의 변화를 생성한다.

유전 알고리즘에서는 염색체를 0과 1의 연속체string로 가정하고,

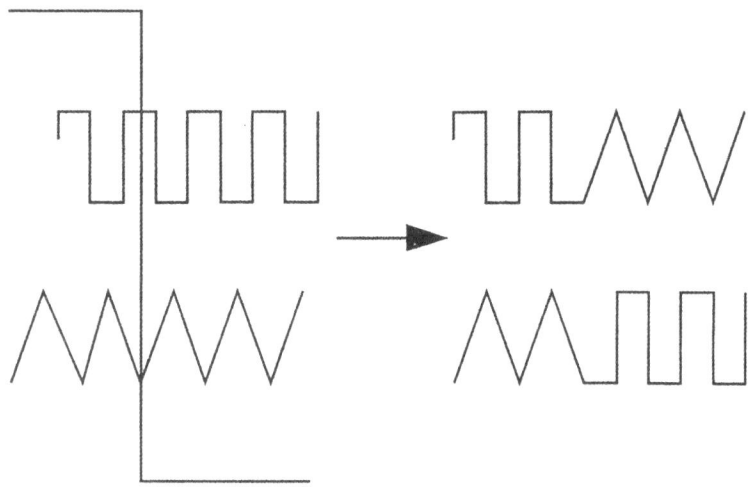

◆ 유전 알고리즘의 교차

이러한 이진수의 연속체에 세 종류의 조작자를 작용하여, 가장 생존할 가능성이 높은 자손을 생산하는 자연선택처럼 특정 문제에 대해 가장 바람직한 해답을 찾아내게 된다. 따라서 분석적인 방법과는 달리 정확한 해답보다는 가장 적합한 해답을 찾아내는 최적화의 방법이라 할 수 있다.

유전 알고리즘으로 작성된 소프트웨어는 게임이론에서부터 복잡한 기계 설계에 이르기까지 그 실용성이 입증되었다. 인간을 쉽게 이기는 게임 전략, 천연가스의 배관 시스템을 경제적으로 제어하는 소프트웨어, 최소의 전송 선로와 교환 장치를 사용하여 최대의 데이터를 전송하는 통신망이 개발되었다. 그 밖에도 유전 알고리즘을 성공적으로 이용한 사례는 셀 수 없을 만큼 많다. 공기역학 자동차, 회전 속도 조절 바퀴, 공장의 작업 시간표, 수업 시간표, 건축 구조물 등등.

그러나 유전 알고리즘은 1980년대 후반에야 빛을 볼 만큼 오랫동안 과소평가되었다. 컴퓨터 이론의 시류를 벗어난 독특한 접근방법이기 때문에 백안시된 탓도 있지만, 미첼 월드롭Mitchell Waldrop이 화제의 저서인《복잡성Complexity》(1992)에서 언급한 바와 같이, 일체의 매명賣名과 선전을 배격하고 연구에만 몰두한 홀랜드의 고매한 인격 때문에 뒤늦게 각광을 받은 것으로 알려지고 있다.

컴퓨터가 스스로 자신의 프로그램을 짤 수 있다면 더 이상 소프트웨어 기술자가 필요없게 될 것이다. 그러한 컴퓨터 프로그램이 언제 개발될 수 있을지 모르지만 전혀 가능성이 없는 것은 아니다. 그것은 진화를 이용하는 방법이다. 유전 알고리즘을 약간만 수정하면 컴퓨터 프로그램을 진화시킬 수 있기 때문이다. 이러한 알고리즘을 유전 프로그래밍genetic programming이라 한다.

유전 프로그래밍GP은 프로그램 명령어를 변경시키는 데 진화를 이용한다. 예컨대 '더하라', '저장하라' 따위의 명령어들을 진화시킨다. GP가 진화를 이용하여 적절한 명령어들을 함께 묶으면, 이 명령어들이 실행되어 컴퓨터로 하여금 목표했던 행동을 하도록 만들 수 있다.

유전 프로그래밍은 진화적 예술evolutionary art에서 성공적으로 활용되고 있다. 생물이 진화하는 과정을 프로그램에 응용하여 예술적인 작품을 내놓은 대표적인 인물은 영국의 조각가인 윌리엄 레이섬 William Latham, 1961~ 이다. 레이섬은 뮤테이터Mutator를 개발했다. 뮤테이터의 본래 의미는 '돌연변이 유발 유전자', 즉 다른 유전자의 돌연변

◆ 뮤테이터의 작품

이 비율을 증가시키는 작용을 지닌 유전자이다. 레이섬은 수정란이 세포분열을 거듭하여 성체가 되는 과정에서 영감을 얻고, 스스로 그림을 그리는 프로그램인 뮤테이터를 개발했다.

뮤테이터는 한 개의 간단한 그림으로 시작하여 대여섯 개의 딸그림을 생성한다. 딸그림은 어버이그림과 약간씩 다르다. 딸그림의 변화는 아주 간단한 규칙을 적용한 결과이다. 여러 세대에 걸쳐 이러한 과정을 반복하면 첫 번째 그림과는 모양이 전혀 다른 자손그림들, 이를테면 로봇·거미·탱크·벌레 따위를 닮은 그림이 나타난다. 요컨대 뮤테이터는 인간의 상상력을 뛰어넘는 기묘한 모양들을 스스로 그려낼 수 있다.

레이섬의 프로그램은 진화에 의한 변형을 통해 스스로 자신의 작업을 수행할 수 있다. 따라서 컴퓨터 프로그램의 예술적 창조 능력, 곧 인공 창의성 artificial creativity 에 대한 논쟁을 불러일으켰다.

# 5

## 집단지능

사람이나 곤충처럼 왕성하게 번식하는 동물은 무엇보다 협동하는 능력을 갖고 있다. 이를테면 개미, 꿀벌, 흰개미와 같은 사회적 곤충의 왕성한 번식은 협동 능력 덕분임이 분명하다. 이러한 곤충 집단의 지능, 곧 떼지능을 본떠 다양한 문제 해결 소프트웨어를 개발하거나 자그마한 로봇 집단을 제어하는 방법을 연구하고 있다.

한편, 웹2.0 시대가 열리면서 네티즌의 집단지능, 곧 자발적인 대규모 협업이 경제와 사회 발전에 미치는 긍정적 효과에 대해 관심이 증폭되고 있다. 하지만 온라인 협동 작업에서 개인의 창의성은 거의 무시되기 때문에, 웹2.0이 집단지능을 표출시키기는커녕 군중심리만을 자극한다는 목소리도 힘을 얻고 있다. 이런 맥락에서 북아프리카 대륙을 초토화시키는 사막메뚜기 무리의 떼지능에 주목할 필요가 있다.

# 대중의
# 지혜

용모가 출중하고 다재다능한 영국 신사 프랜
시스 골턴Francis Galton, 1822~1911은 1865년 발표한 논문에서, 교배 기술
로 동식물의 품종을 개량하는 것처럼 우수한 인종을 만들어낼 수 있
다고 제안했다. 1883년 골턴은 그의 생각을 추종하는 학문을 우생학
eugenics 이라 명명했다.

1907년 85세가 되었지만 지적 호기심을 주체하지 못한 골턴은 시
골로 여행을 가던 도중에 우연히 소의 무게를 맞히는 사람에게 상금
을 주는 품평회장에 들렀다. 내기에 참가한 800명은 대부분 소에 관
한 지식이 전혀 없는 사람들이었다. 골턴은 대중의 어리석음을 입증
하고 싶어 참가자들이 써낸 추정치의 평균값을 뽑아보았다. 소 무게
의 평균값은 1,197파운드로 나왔다. 내기 참가자들이 소를 잘 모르
기 때문에 실제 무게와 크게 다를 것이라고 생각한 골턴은 경악하지
않을 수 없었다. 소의 실제 무게는 측정 결과 1,198파운드로 나타났
기 때문이다.

그해 3월 《네이처》에 '여론vox populi'이라는 제목으로 발표한 논문

에서 골턴은 군중의 판단이 완벽했음을 인정하면서, 선거에서도 유권자들이 올바른 판단을 내릴 것이므로 "민주주의도 생각한 것보다 신뢰할 만한 구석이 있다"고 썼다.

골턴의 사례는 어떤 상황에서 집단 구성원이 특별히 박식하거나 합리적이지 않더라도 집단 전체가 올바른 결정을 내릴 수 있음을 보여주었다. 미국의 경영칼럼니스트인 제임스 서로위키James Surowiecki, 1967~ 는 이러한 집단의 지적 능력, 곧 집단지능collective intelligence 을 '대중의 지혜wisdom-of-crowds'라고 명명하고, 2004년 펴낸 같은 제목의 저서에서 군중의 어리석음과 광기를 경멸하는 견해에 도전하는 논리를 펼쳤다.

집단을 비하한 발언은 이루 헤아릴 수 없이 많다. 영국 역사학자인 토머스 칼라일Thomas Carlyle, 1795~1881 은 "나는 개인이 모르는 것을 집단이 알 것이라고는 믿지 않는다"고 말했다. 독일 철학자인 프리드리히 니체Friedrich Nietzsche, 1844~1900 는 "광기어린 개인은 드물지만 집단에는 그런 분위기가 항상 존재한다"고 단정했다. 집단을 경멸하는 시각을 대표하는 저서는 1895년 프랑스 사회학자인 귀스타브 르봉Gustave Le Bon, 1841~1931 이 펴낸 《대중La Psychologie des foules》이다. 르봉은 집단을 혐오했으므로 "집단 내에 쌓여가는 것은 재치가 아니라 어리석음이다. 집단은 높은 지능이 필요한 행동을 할 수 없으며, 소수 엘리트보다 언제나 지적으로 열등하다"고 비웃었다.

서로위키는 그의 저서에서 '대중의 지혜' 효과가 나타나는 여러 사례를 소개했다. 주식시장이 큰 탈 없이 작동하다가 가끔 엉망이 되고, 새벽에 동네 편의점에 가서 항상 우유를 살 수 있는 까닭도 대중의 지혜가 작동하기 때문이라고 주장했다. 요컨대 전문가 말만 듣지 말고 대중에게 답을 물어보는 것이 현명하다는 결론을 내리고 있다.

# 영리한
# 군중

수만 명이 순식간에 길거리로 몰려나오는 군중집회가 한국 사회의 분위기를 주도한 적은 한두 번이 아니다.

2002년 여름에는 축구대표팀을 응원하는 붉은악마들이, 가을에는 미군 장갑차 사고로 숨진 여중생들을 추모하는 인파가 거리를 가득 메웠다. 2004년 봄 전국 곳곳에서 연인원 150만 명 이상이 거리에 나와 대통령 탄핵을 반대하는 촛불을 밝혔다. 2005년 봄에는 고등학생들까지 서울 광화문에 모여서 정부의 교육 정책에 항의하는 촛불집회를 가졌다. 2008년 5월부터 두 달 가까이 가정주부와 초등학생까지 포함된 시민들이 서울 도심을 누비면서 미국 쇠고기 수입을 반대하는 촛불시위를 줄기차게 펼쳤다.

이러한 군중집회의 성격을 규정하는 개념은 보는 각도에 따라 다양하겠지만, 적어도 참가자의 상당수가 '영리한 군중smart mob'이라는 사실에는 대부분 동의할 것이다. 영리한 군중은 '휴대전화와 인터넷으로 무장한 새로운 형태의 군중'을 뜻한다. 인터넷을 통해 연결된 집단이므로 네트워크 군대network army라고도 부른다.

영리한 군중은 2002년 미국의 과학저술가인 하워드 라인골드 Howard Rheingold, 1947~ 가 자신의 저서 제목에 처음 사용한 말이다. 라인골드는 2002년 한국의 신세대들이 인터넷과 이동통신 기술을 사용하여 노무현 대통령의 당선에 결정적인 기여를 했다고 주장했다.

영리한 군중은 한국의 대선에 앞서 필리핀에서 정치적 영향력을 발휘했다. 2001년 1월 필리핀의 에스트라다 대통령이 네트워크 군대 앞에 무릎을 꿇은 것이다. 당시 필리핀 젊은이들 사이에서는 휴대전화로 짧은 문자메시지를 교환하는 행위가 생활의 일부가 되어 있었다. 2001년까지 총인구 7,000만 명 중에서 500만 명의 필리핀 사람들이 휴대전화를 소유하고 있었으며, 날마다 7,000만 개의 문자메시지를 주고받았다.

2001년 에스트라다 대통령의 탄핵 심판을 그와 가까운 상원의원들이 갑자기 종결시키자 '피플파워'가 발동했다. 야당 지도자들은 문자메시지를 발송했고, 탄핵 소송 절차가 갑작스럽게 중단된 지 75분 만에 2만 명이, 1986년 마르코스를 권좌에서 몰아낸 시위가 발생했던 바로 그 자리에 모여들었다. 나흘에 걸쳐 100만 명 이상의 마닐라 시민들이 문자메시지의 파도에 휩쓸려 밀물처럼 몰려오자 결국 에스트라다는 실각했다. 그는 엄지손가락으로 휴대전화의 문자를 눌러대는 사람들, 곧 엄지족 thumb tribe 에게 권력을 잃은 역사상 최초의 국가수반이 되었다. 총 한 발 쏘지 않고 엄지손가락에서 나온 문자메시지만으로 권력자를 몰아낸 것은 네트워크 군대의 역사에서 기념비가 될 만한 사건이다. 물론 그것이 유일한 성과는 아니지만.

1999년 11월 시애틀에서 열린 세계무역기구 WTO 회의에 항의하는 시위가 벌어졌다. 시위대는 농민, 노동조합, 환경운동가, 무정부주

◆ 미국 쇠고기 수입을 반대하는 촛불시위(2008년 5월 서울)

의자 등 특정 목적을 가진 소규모 집단으로 구성되었다. 이들은 공식적인 지도자나 조직도 없었으며, 장기적인 전략도 없었다. 하지만 이들은 WTO 회의를 세계적 화제로 만드는 데 성공했다. 이 시위 이

전에는 WTO에 대한 사회적 관심이 전무한 상태였기 때문에 시위대들은 '시애틀 전투'에서 승리를 거둔 것으로 평가된다. 물론 그들이 승리를 쟁취할 수 있었던 것은 휴대전화, 라디오, 휴대용 컴퓨터로 급조한 통신 네트워크 덕분이었다.

미국의 과학저술가인 스티븐 존슨Steven Johnson, 1968~ 은 2001년 펴낸 저서 《창발Emergence》에서 WTO 반대 운동만큼 자기조직화 원리와 창발성이 정치 분야에 적용된 사례는 없다고 분석했다.

시애틀에서 마닐라에 이르는 시위나 서울의 미국 쇠고기 반대 촛불시위에 참여한 영리한 군중은 특정한 쟁점에 대해 관심을 공유하고 있지만 자발적으로 모인 공동체이므로 공식적인 지휘 체계가 있을 리 만무하다. 그럼에도 불구하고 영리한 군중이 소기의 성과를 거둘 수 있었던 까닭은 마치 흰개미와 같은 사회적 곤충처럼 행동했기 때문이다.

사회적 곤충 집단의 행동은 상향식이다. 상향식은 부분(아래)의 행동이 전체(위)를 결정한다. 영리한 군중 역시 전적으로 상향식으로 행동한다. 네트워크 군대의 상향식 체제에서 창발하는 집단적인 힘은 시애틀, 마닐라, 서울에서 여러 차례 그 파괴력이 입증되었다.

그러나 영리한 군중이 모두 반드시 현명한 집단은 아니라는 사실을 잊어서는 안 될 것 같다. 군중이 엉뚱한 의사결정을 한 사례가 적지 않기 때문이다.

1630년대에 네덜란드를 휩쓴 튤립 광풍은 역사상 가장 유명한 투기 거품의 하나이다. 1636년 튤립 알뿌리 하나를 살

돈이면 살진 소 네 마리나 밀 24톤, 포도주 두 통, 버터 2톤 또는 은제 컵 하나를 살 수 있었다. 그러나 1637년 거품이 꺼지자 목수의 연봉보다 20배나 비쌌던 튤립 알뿌리는 쓸모없는 것이 되었다.

2008년 10월 아이슬란드에서도 이와 비슷한 폭락 사태가 벌어졌다. 금융 거품이 터지면서 아이슬란드는 세계에서 가장 번영하는 국가의 하나에서 세계적인 금융위기의 직격탄을 맞아 몰락한 첫 번째 정부가 되었다.

두 가지 사례는 집단이 의사결정을 잘못 할 경우 얼마든지 파괴적인 결과를 초래할 수 있음을 유감없이 보여준다.

# 네티즌의
# 집단지능

세계의 모든 컴퓨터 네트워크를 연결한, 네트워크 중의 네트워크인 인터넷에서 마우스를 클릭만 하면 세계 모든 곳의 컴퓨터에 저장된 정보에 접근할 수 있는 것은 월드와이드웹 World Wide Web 덕분이다. 월드와이드웹은 하이퍼텍스트 기능에 의해 인터넷에 존재하는 온갖 종류의 정보를 통일된 방법으로 찾아볼 수 있게 하는 정보 서비스 및 소프트웨어를 의미하며, 줄여서 웹이라 한다. 전 세계의 하이퍼텍스트가 연결된 모양이 마치 거미가 집을 지은 것처럼 보이기 때문에 '세계 규모의 거미집'이라는 뜻으로 월드와이드웹이라 명명되었다.

웹은 1989년 미국 컴퓨터과학자인 팀 버너스-리 Tim Berners-Lee, 1955~ 의 제안으로 연구가 시작되어 1991년 8월 처음 모습을 드러냈다.

웹의 개발 이후 인터넷은 급속도로 발전했지만 인터넷 사용자(네티즌)는 정보를 일방적으로 제공받는 입장에 머물렀다. 따라서 네티즌이 적극적으로 참여하여 스스로 정보를 제공하고 네트워크를 공유할 필요성이 제기되었다. 이처럼 인터넷 사용자가 참여하는 새로운 형태의 웹을 '웹2.0'이라 한다. 예전의 웹은 저절로 웹1.0이 된다.

웹2.0 시대가 열리면서 인터넷의 발전을 주도하는 원동력은 네티즌의 집단지능인 것으로 여겨졌다.

웹2.0의 대표적인 사례는 블로그blog 이다. 블로그는 웹의 끝 글자 (b)와 '기록'을 의미하는 단어(log)의 합성어이다. 컴퓨터를 켜고 접속할 때 로그인log-in 하는 것은 컴퓨터에 기록을 하려고 접속한다는 뜻이다. 결국 블로그는 '인터넷에 기록한다'는 의미이므로 네티즌이 웹에 기록하는 개인 일지 또는 일인용 홈페이지라고 할 수 있다.

웹2.0의 무한한 가능성을 입증한 사례는 위키피디아wikipedia.org 이다. 하와이어로 '빨리빨리'를 뜻하는 위키위키wiki wiki 와 백과사전 encyclopedia 을 합친 단어이다. 2001년 금융 분야에서 큰돈을 번 미국의 사업가 지미 웨일스Jimmy Wales, 1966~ 가 모든 사람의 지식을 하나로 합쳐 누구나 자유롭게 공유하도록 만들자는 뜻에서 시작하여 급속도로 자리를 잡은 세계 최대의 온라인 무료 백과사전이다. 200년 이상의 역사를 지닌 브리태니커 백과사전보다 월등하게 사전 항목이 많은 세계 최대의 지식 창고이다.

일반인이 누구나 자유롭게 사전 항목을 작성, 수정, 편집할 수 있는 개방형 체제가 위키피디아의 가장 큰 특징이다. 수천 명의 자원봉사 편집자들이 수록 내용을 점검하고, 신규 항목을 추가한다. 위키피디아는 수많은 네티즌의 집단지능, 곧 자발적인 대규모 협업mass collaboration 이 일구어낸 성과이다.

한편 인터넷의 부정적 측면에 대한 문제도 끊임없이 제기되고 있다. 대표적인 논객은 미국의 재런 러니어Jaron Lanier, 1960~ 이다. 1989년 29세에 가상현실virtual reality 이라는 용어를 만들어낸 러니어는 작곡가

가 되려고 고교를 중퇴한 뒤 컴퓨터에 미친 괴짜이다. 1989년 〈뉴욕 타임스The New York Times〉에 대서특필되어 20대에 이미 세계적 명사의 반열에 올랐으며 가상현실의 대부로 자리매김되었다. 인터넷 발전에 공헌한 장본인이 인터넷의 문제점을 신랄하게 비판하는 터라 러니어의 주장은 더욱 울림이 크게 받아들여진다.

2000년 러니어는 《와이어드Wired》 12월호에 실린 글에서, 컴퓨터 기술을 무조건 신뢰하는 풍조를 '사이버네틱 전체주의cybernetic totalism'라고 명명하고, 사이버네틱 전체주의가 역사상 가장 나쁜 몇 가지 이데올로기처럼 인류를 불행으로 몰아넣을지 모른다고 강력하게 경고했다.

2006년 러니어는 웹사이트 포럼인 에지www.edge.org에서 발행하는 《에지Edge》 5월 30일자에 '디지털 모택동주의digital Maoism'라는 제목의 글을 실었다. 부제는 '새로운 온라인 집단주의online collectivism의 위험 요소'이다.

사이버네틱 전체주의를 디지털 모택동주의라고 새롭게 명명한 러니어는 웹2.0의 부정적 측면을 날카롭게 지적하여 언론의 대단한 주목을 받았다. 가령 위키피디아는 수많은 네티즌의 대규모 협동 작업이 일구어낸 성과로 평가되지만 네티즌이 익명으로 참여하기 때문에 개인의 목소리가 배제된 집단주의라고 비판한다.

이러한 온라인 협동 작업은 개인의 창의성이 거의 무시되므로 '와글와글하는 떼거리의 사고hive thinking'에 불과하다. 이를테면 웹2.0이 인터넷 찬양론자들의 주장처럼 집단지능을 표출시키기는커녕 네티즌의 군중심리만을 자극한다는 것이다.

2010년 1월에 펴낸 《당신은 부속품이 아니다You Are Not a Gadget》에서 러니어는 인터넷 사용자들이 익명성의 뒤에 숨어서 집단으로 마녀사냥을 하게 된다고 주장하고, 그 예로 영화배우 최진실의 자살을 들었다.

러니어는 개인의 창의성을 말살하는 웹 문화를 극복하기 위해서는 무엇보다 인터넷에서 정보를 공짜로 사용할 수 없도록 하는 방법이 강구되어야 한다고 주장한다. 개인의 지적 재산권이 존중될 때 비로소 누구나 부속품 이상의 존재가 될 수 있다는 것이다.

# 떼지능

흰개미는 역할에 따라 여왕개미, 수개미, 병정개미, 일개미로 발육하여 수만 마리씩 큰 집단을 이루고 살면서 질서 있는 사회를 형성한다. 흰개미는 진흙이나 나무를 침으로 뭉쳐서 집을 짓는다. 아프리카 초원에 사는 버섯흰개미는 높이가 4미터나 되는 탑 모양의 둥지를 만들 정도이다. 이 집에는 온도를 조절하는 정교한 냉난방 장치가 있으며 애벌레에게 먹일 버섯을 기르는 방까지 갖추고 있다.

개개의 개미는 집을 지을 만한 지능이 없다. 그럼에도 흰개미 집합체는 역할이 상이한 개미들의 상호작용을 통해 거대한 탑을 짓는다. 1928년 곤충학자인 윌리엄 휠러William Wheeler, 1865~1937는 개개의 흰개미가 가진 것의 총화를 훨씬 뛰어넘는 지능과 적응 능력을 보여준 흰개미의 집단을 지칭하기 위해 초유기체superorganism라는 용어를 만들었다. 흰개미의 집합체를 하나의 거대한 유기체와 대등하다고 생각한 것이다.

초유기체는 구성 요소가 개별적으로 갖지 못한 특성이나 행동을

◆ 버섯흰개미의 집

◆ 2004년 서아프리카를 습격한 사막메뚜기떼

보여준다. 하위수준(구성 요소)에는 없는 특성이나 행동이 상위수준(전체 구조)에서 자발적으로 돌연히 출현하는 현상은 다름 아닌 창발이다. 창발은 초유기체의 본질을 정의하는 개념이다.

특히 개미, 흰개미, 꿀벌, 장수말벌 따위의 사회성 곤충이 집단행동을 할 때 창발하는 집단지능을 일러 떼지능swarm intelligence이라 한다.

사막의 개미 집단은 예측 불가능한 환경에 살면서도 매일 아침 일꾼들을 갖가지 업무에 몇 마리씩 할당해야 할지 확실히 알고 있다. 숲의 꿀벌 군체도 단순하기 그지없는 개체들이 힘을 합쳐 집을 짓기에 알맞은 나무를 고를 줄 안다. 카리브해의 수천 마리 물고기떼는 한 마리의 거대한 은백색 생물인 것처럼 전체가 한순간에 방향을 바꿀 정도로 정확히 행동을 조율한다. 북극 지방을 이주하는 엄청난 규모의 순록 무리도 개체 대부분이 어디로 향하고 있는지 정확한 정보를 갖고 있지 않으면서도 틀림없이 번식지에 도착한다.

하지만 동물의 무리가 모두 영리한 것만은 아니다. 북아프리카와 인도에 사는 사막메뚜기는 대부분의 시기에 평화롭게 지내는 양순한 곤충이지만 갑자기 공격적으로 바뀌면 대륙 전체를 말 그대로 초토화한다. 몸길이가 약 10센티미터인 연분홍색 곤충 수백만 마리가 떼지어서 몇 시간씩 하늘을 온통 뒤덮으며 날아가는 광경은 마치 외계인이 지구를 공습하는 듯한 착각을 불러일으킨다. 2004년 서아프리카를 습격한 사막메뚜기떼는 농경지를 쑥대밭으로 만들고 이스라엘과 포르투갈에서 수백만 명을 기아로 내몰았다.

# 떼지능 소프트웨어와
# 떼로봇공학

떼지능은 다양한 문제를 해결하는 소프트웨어 개발에 응용되고 있다. 떼지능을 본떠 만든 대표적인 소프트웨어는 개미떼가 먹이를 사냥하기 위해 이동하는 모습을 응용한 것이다. 먼저 개미 한 마리가 먹이를 발견하면 동료들에게 알리기 위해 집으로 돌아가는데 이때 땅 위에 행적을 남긴다. 지나가는 길에 페로몬을 뿌리는 것이다. 요컨대 개미는 냄새로 길을 찾아 먹이와 보금자리 사이를 오간다.

개미가 냄새를 추적하는 행동을 본떠 만든 소프트웨어는 살아 있는 개미가 먹이와 보금자리 사이의 최단 경로를 찾아가는 것처럼 길을 추적하는 능력이 뛰어나다. 이러한 소프트웨어는 일종의 인공 개미인 셈이다.

인공 개미떼의 궤적 추적 능력은 전화 회사의 설계기술자들을 흥분시킨다. 통화량이 폭주하는 통신망에서 최단 경로를 찾아내는 인공 개미를 활용할 수 있다면 통화를 경제적으로 연결해줄 수 있기 때문이다. 다시 말해 인공 개미가 교통체증을 정리하는 경찰관처럼

◆ 센티봇

통화체증을 해소해줄 수 있을 것으로 기대된다.

개미떼는 보금자리로 운반해야 할 먹이가 무거우면 여러 마리가 서로 힘을 합쳐 함께 옮긴다. 이러한 떼지능을 본떠서 여러 대의 로봇이 협동하여 일을 처리하도록 하는 소프트웨어가 개발되고 있다.

또한 개미떼는 죽은 동료들을 한쪽으로 모아두며 유충을 구분할 줄 안다. 이러한 떼지능은 은행에서 고객의 자료를 분석하는 소프트웨어를 개발하는 데 활용될 수 있다.

꿀벌 사회는 분업 체제를 갖추고 있다. 꿀벌떼가 일을 분담하는 방법을 흉내내서 생산 공장의 조립 공정을 효율적으로 운영하는 소프트웨어가 연구된다.

이와 같이 떼지능의 응용 분야는 다양하고 광범위하지만 떼지능

◆ 스웜봇

을 활용한 소프트웨어 개발이 순조로운 것만은 아니다. 무엇보다도 사회성 곤충의 행동에 대해 밝혀지지 않은 부분이 적지 않아 컴퓨터 과학자들은 많은 어려움을 겪고 있다.

　어쨌거나 떼지능 연구를 우려하는 목소리도 만만치 않은 실정이다. 인공 개미에게 많은 일을 맡겼을 경우 사람의 힘으로 제어할 수 없는 상황이 발생하지 말란 법이 없다는 것이다. 가령 개미떼에게 통신망의 관리를 일임하고 나면 어느 누구도 네트워크의 운영 상황을 정확하게 파악할 수 없다. 또한 다른 전화 회사의 네트워크에 침입해 제멋대로 날뛰는 개미들이 출현하더라도 속수무책일 것이다. 게다가 인공 개미떼가 전화 네트워크를 파괴하는 괴물로 둔갑하는 불상사가 생긴다면 어떻게 할 것인가.

떼지능은 개미·새·물고기·박테리아 등의 집단에서 나타나는 자연적인 현상이지만, 로봇의 무리에서 출현하는 인공적인 것도 있다. 떼지능의 원리를 로봇에 적용하는 것은 떼로봇공학swarm robotics이라 불린다. 대표적인 연구 성과는 미국의 센티봇Centibot 계획과 유럽의 스웜봇Swarm-bot 계획이다. 자그마한 로봇들로 집단을 구성하여 특별한 임무를 수행하도록 하는, 말하자면 떼지능 로봇 연구 계획이다.

미국 국방부(펜타곤)의 자금 지원을 받은 센티봇 계획은 키가 30센티미터인 로봇의 집단을 개발했다. 2004년 1월 이 작은 로봇 66대로 이루어진 무리를 빈 사무실 건물에 풀어놓았다. 이 로봇들은 집단을 이루어 활동할 수 있게끔 설계되었다. 로봇 하나하나는 제한된 계산 능력을 가졌지만, 로봇 집단은 로봇 혼자서는 할 수 없는 임무를 수행할 수 있도록 설계된 것이다. 이 로봇 집단의 임무는 건물에 숨겨진 무언가를 찾아내는 것이었다. 건물을 30분 정도 돌아다닌 뒤에 로봇 한 대가 벽장 안에서 수상쩍은 물건을 찾아냈다. 다른 로봇들은 그 물건 주위로 방어선을 쳤다. 마침내 센티봇 집단은 주어진 임무를 완수한 것이다.

브뤼셀자유대학의 컴퓨터과학자인 마르코 도리고Marco Dorigo가 주도한 스웜봇 계획은 키 10센티미터, 지름 13센티미터에 바퀴가 달린 S봇s-bot을 개발하여 떼지능을 연구했다. 1991년부터 개미 집단의 행동을 연구한 도리고는 S봇 12대가 스스로 집단을 형성하여 주어진 과제를 해결하는 실험을 실시했다.

2005년 스웜봇 계획을 성공적으로 완료한 도리고는 목표를 한 단계 끌어올려 사람의 능력을 모방한 세 종류의 로봇 개발에 착수했다. 로봇 집단의 눈 역할을 하는 아이봇eye-bot, 손과 발에 각각 해당하는 핸드봇hand-bot과 풋봇foot-bot 등 서로 다른 기능이 부여된 로봇 60대로 집단을 구성한 것이다. 이는 스워머노이드Swarmanoid라 명명된 로봇 집단에서 떼지능이 출현하는 것을 연구하는 프로젝트이다.

떼지능은 전쟁터를 누비는 무인 지상차량이나 혈관 속에서 암세포와 싸우는 나노 로봇 집단을 제어할 때 활용될 전망이다. 곤충 로봇 전문가인 로드니 브룩스 역시 수백만 마리의 모기 로봇이 민들레 꽃씨처럼 바람에 실려 달이나 화성에 착륙한 뒤에 메뚜기처럼 뜀박질하며 여기저기로 퍼져나갈 때 모기 로봇 집단에서 떼지능이 창발할 것이므로 우주 탐사 임무를 성공적으로 수행할 수 있다고 확신하고 있다.

NATURE, THE GREAT MENTOR

# 6

자연에서 배우는
건축

---

1851년 런던 만국박람회가 열린 수정궁은 열대 수련을 본떠 설계된 역사적인 건물이다. 자연에서 영감을 얻은 건물이나 다리는 한둘이 아니다. 흰개미 집단의 떼지능이 쌓아올린 둔덕을 모방하여 세워진 건물은 무더운 아프리카 날씨에도 냉난방 장치 없이 쾌적한 상태가 유지된다. 나미브사막풍뎅이가 사막에서 물을 만들어내는 기술에서 영감을 얻은 해수온실 기술은 건조한 지역에서 농작물 재배가 가능하게끔 한다. 이 기술은 사막을 수풀로 바꾸는 사하라 녹화 계획의 밑바탕이 되고 있다.

생물모방의 원리를 생태도시 설계에 활용하는 건축가들도 있다. 중국에 건설되는 생태도시는 성숙한 생태계에서 유기체가 갖는 특성들이 설계에 반영되는 것으로 알려졌다.

# 동물을
# 본뜬 건물

1917년에 펴낸 《성장과 형태》에서 다르시 톰프슨은 자연과 건축이 연결된 부분에 관해 많은 지면을 할애했다. 그는 자연은 최소의 물질을 사용하여 최소의 에너지가 소요되는 구조를 만들기 위해 노력해왔다고 지적했다. 코끼리, 낙타, 기린, 캥거루, 족제비, 나무늘보, 공룡 등의 형태를 기계공학 측면에서 일일이 분석하기도 했다.

《성장과 형태》가 출간된 이후 동물의 골격은 건축가들에게 영감의 원천이 되었다. 이 책에 실린 공룡의 등뼈 그림을 보고 영국의 건축가들은 공룡다리Dinosaur Bridge를 설계했다. 강철 등뼈가 강철 힘줄로 연결된 구조의 이 다리는 1988년 '미래의 다리Bridge of the Future' 현상공모에서 상을 받았다. 이 공룡다리는 공학적으로 실현될 수 있는 완벽한 구조이지만 아직까지 건설되지 않고 있다.

동물의 골격 구조에 남다른 애착을 갖고 이를 본뜬 작품을 많이 설계한 건축가는 산티아고 칼라트라바Santiago Calatrava, 1951~이다. 스페인 태생으로 스위스에서 활약하는 칼라트라바는 스페인에서 건축을 공

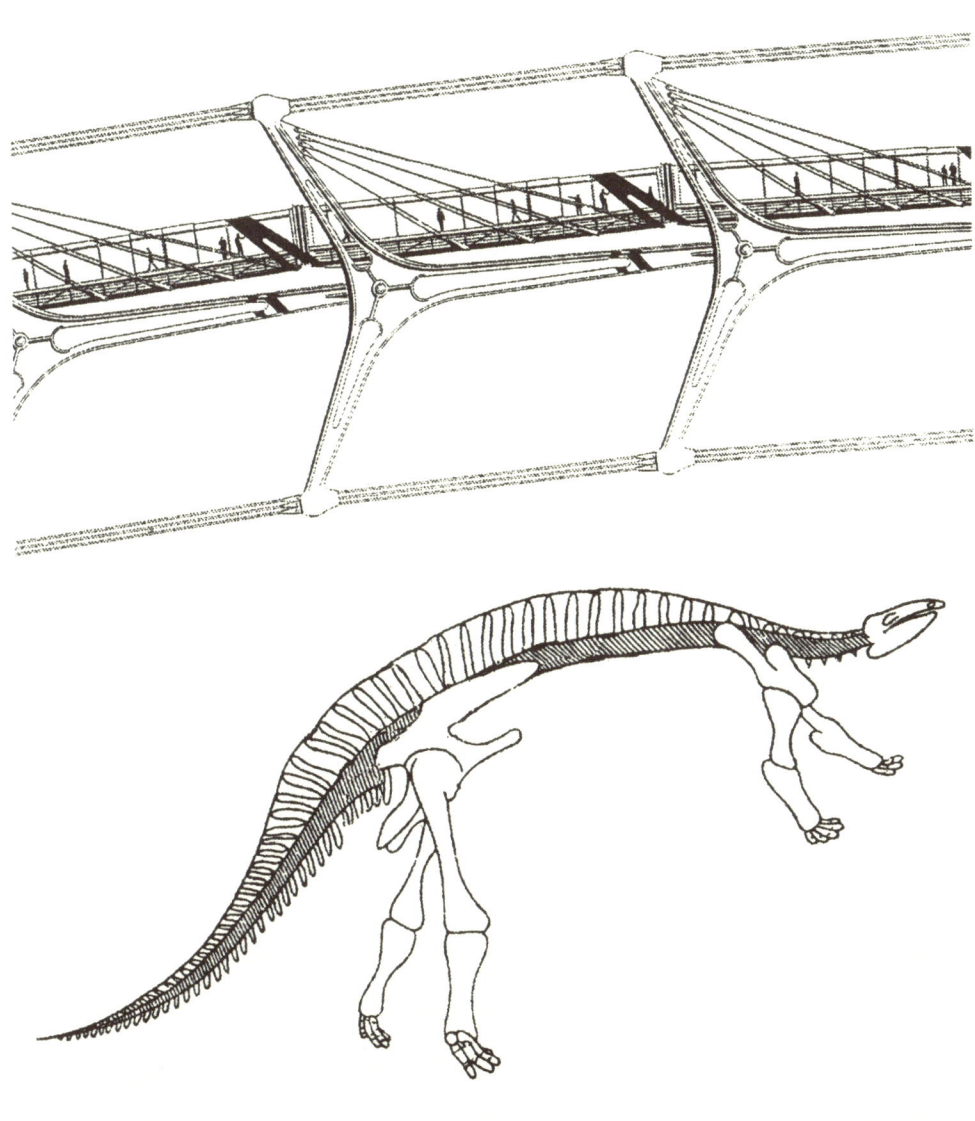

◆ 1988년 작품인 '미래의 다리'(위)는 다르시 톰프슨의 공룡 등뼈 그림(아래)에서 영감을 받아 설계된 것으로 알려졌다.

◆ 밀워키미술박물관

부하고 스위스에서 토목공학을 전공했다. 그의 대표작은 2001년 미국 위스콘신주의 밀워키에 건립된 미술박물관Milwaukee Art Museum 이다. 새의 날개와 고래의 꼬리가 표현되어 있는 이 건물은 세계에서 생물을 본떠 설계된 건물 중 규모가 가장 큰 것으로 여겨진다.

　칼라트라바는 2004년 아테네 올림픽 스타디움을 설계하여 세계적 건축가의 반열에 올랐다.

# 거미집을
# 모방한 대형 건조물

거미는 여러 형태의 집을 짓는다. 뜨락의 소나무 사이로 하늘 높이 내걸린 것부터 지하의 음습한 굴속에 자리잡은 것까지 놀라울 정도로 다양하다. 따라서 거미의 이름을 정할 때에는 으레 집의 생김새를 그대로 사용한다. 거미집의 모양은 천차만별이지만 모두 한 가지 기본적인 기능을 공유하고 있다. 곤충이 걸려들면 줄의 진동으로 침입자를 알아내는 덫의 역할을 하는 것이다.

거미집은 건축가들에게 영감을 불러일으킬 만하다. 금방 끊어질 것처럼 약해 보이면서도 비바람에도 끄떡없는 거미집의 구조를 본떠 설계한 건축가들이 적지 않다. 대표적인 인물은 독일의 건축가인 프라이 오토Frei Otto, 1925~ 이다. 그는 거미집처럼 밧줄로 덮인 건조물을 설계했다. 이러한 건조물은 대개 기둥이 여러 개 있고, 그 기둥 아래로 밧줄이 거미줄처럼 매달려 있다. 1967년 몬트리올 세계박람회에서 선보인 서독 전시관 건물은 오토의 설계 개념이 고스란히 담긴 작품으로 손꼽힌다. 마치 천막을 쳐놓은 듯한 이 전시관은 거미집을 가장 닮게 설계된 것으로 여겨진다.

• 1967년 몬트리올 세계박람회의 서독 전시관

• 1964년 도쿄 올림픽대회의 실내종합경기장

　일본의 건축가인 단게 겐조丹下健三, 1913~2005 역시 거미
집을 흉내낸 작품을 발표했다. 1949년 '히로시마 평화기
념공원' 설계 공모에 당선되어 두각을 나타내기 시작한
겐조는 일본의 전통 건축과 현대 건축의 결합을 시도했
다. 1964년 도쿄 올림픽대회를 위해 설계한 실내종합경
기장은 오토의 작품처럼 거미집의 구조를 모방하여 설계
되었다.

# 북극곰, 펭귄 그리고
# 냉난방 시설

생물이 생존하기 위해서는 체내의 환경이 항
상 일정하게 유지될 필요가 있다. 예컨대 기온이 10도 상승한다고 해

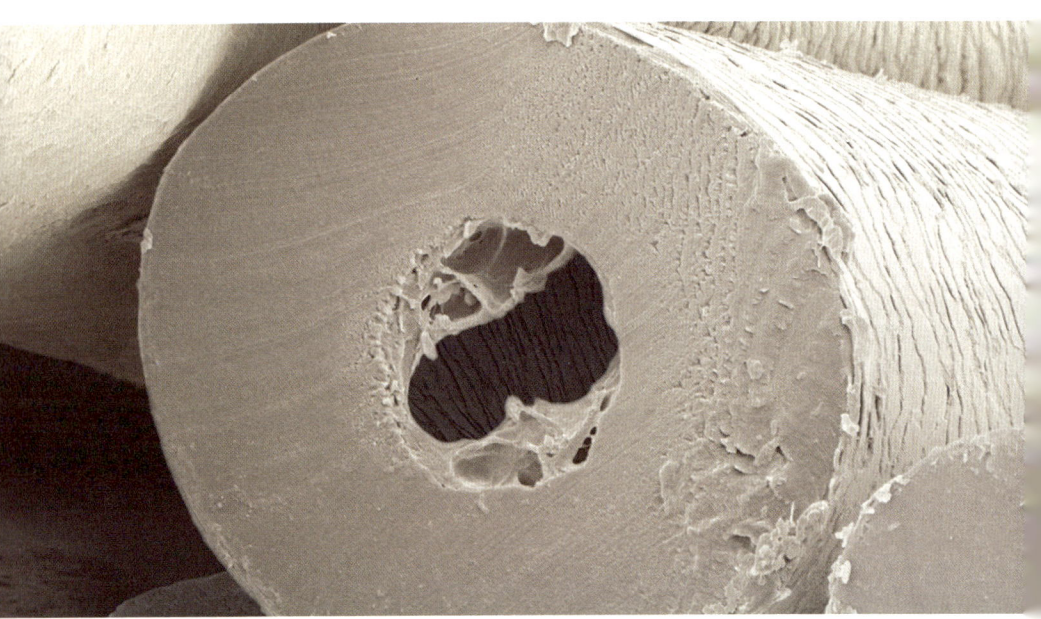

◆ 북극곰의 털은 속이 비어 있다.

서 체온이 10도 올라가지 않고 발한 작용에 의해 체온이 조절되는 것처럼, 생물체는 안정적인 내적 환경을 유지하기 위한 조절 기능을 갖고 있다. 내적 환경을 비교적 일정한 수준으로 유지하는 생체의 기제를 항상성homeostasis이라 한다.

생물의 항상성은 건축가들에게 흥미로운 연구 주제가 되고 있다. 가령 동물이 체온을 유지하는 방법을 활용하면 건물의 실내 온도를 효과적으로 관리할 수 있다고 여기기 때문이다.

추운 지방에 사는 포유동물의 경우, 체온을 유지하기 위해 생리적으로 두 가지 대책을 갖고 있다. 하나는 피부 조직 밑에 자리잡은 두터운 지방층이고, 다른 하나는 피부에 빽빽이 들어차 있는 털이다.

1년 내내 두꺼운 얼음으로 덮인 북극 대륙에 사는 북극곰은 겨울

◆ 펭귄의 깃털

이 오기 전에 부지런히 사냥을 하여 겨우내 먹지 않아도 견딜 수 있도록 영양분을 몸속에 저장한다. 영양분은 피부 밑의 지방층에 저장된다. 이 지방층은 먹지 않고도 한겨울을 나는 데 필요한 영양을 공급해줄 뿐만 아니라 북극의 지독한 추위를 견딜 수 있도록 단열재 역할도 한다. 특히 북극곰의 온몸에 밀생한 순백색의 털은 속이 비어 있어 단열 효과가 증대되는 것으로 밝혀졌다.

한편 남극의 겨울에는 영하 60도의 끔찍한 추위가 찾아오지만 남극 지방의 해안에 군생하는 펭귄은 특유의 깃털 구조 덕분에 추위를 견뎌낼 수 있다. 펭귄이 깃털을 들어올리면 깃촉의 밑 부분에 있는 솜털 같은 실 덩어리가 수백만 개의 공기 주머니를 만드는데, 이 공기 주머니들이 매우 효율적인 절연 기능을 제공한다.

지독하게 추운 곳에서 살아가고 있는 북극곰의 모피와 펭귄의 깃털이 갖고 있는 단열 기능을 흉내내서 건물의 냉난방 시설을 설계하려는 연구가 활발히 진행되고 있다.

# 얼룩말과
# 에너지 절약 건물

얼룩말은 흰 줄무늬와 검은 줄무늬가 털뿐만 아니라 피부에도 그려져 있다. 이러한 줄무늬가 상호작용하여 피부의 표면 온도를 낮추는 것으로 밝혀졌다.

흰색은 태양 빛을 반사하여 열기를 감소시킨다. 한편 검은색은 태양 빛을 흡수하여 표면 온도를 높인다. 따라서 흰 줄무늬 위의 공기 온도는 검은 줄무늬 위의 공기 온도보다 낮다. 검은 줄무늬 위의 더운 공기는 위로 상승하면서 아래쪽에 있는 흰 줄무늬 위의 공기와 기압 차이를 발생시킨다. 검은색과 흰색의 상호작용으로 아주 작은 공기 흐름이 형성되며, 그 결과 표면 온도가 8도까지 내려갈 수 있다.

얼룩말에서 영감을 얻은 스웨덴의 건축가 안데르스 나이퀴스트 Anders Nyquist는 건축 설계에 이를 응용했다. 그동안 건축가들은 건물에 열을 반사하는 색깔인 흰색을 발라서 건물의 온도를 낮추려고 했다. 그러나 나이퀴스트는 건물에 얼룩말처럼 흰색과 함께 검은색도 칠하면 표면 온도가 조절되어 단열 효과가 생길 거라고 생각한 것이다.

◆ 얼룩말

　　나이퀴스트가 설계하여 일본에 건설된 어느 사무용 건물은 검은
색과 흰색의 상호작용을 응용했다. 이 건물은 여름철에 기계적 통풍
장치를 사용하지 않고도 건물 내부의 온도가 약 5도까지 낮춰져서
약 20퍼센트의 에너지 절감 효과를 거두고 있는 것으로 나타났다.

◆ 얼룩말의 줄무늬를 본뜬 건물(일본 다이와하우스Daiwa House).

# 흰개미 집단은
# 위대하다

호주, 우간다, 코트디부아르, 나미비아의 초원에는 진흙으로 만들어진 탑들이 널려 있다. 3미터 이상 솟아오른 이 구조물들은 흰개미가 세운 둔덕이다. 흰개미들은 진흙 알갱이에 침과 배설물을 섞어서 둔덕을 쌓아올린다. 둔덕은 지역에 따라 모양이 제각각이다.

둔덕 안에는 흰개미 군체의 집인 둥지가 있다. 나미비아의 대초원에 있는 원뿔 모양의 탑은 2미터쯤 되는 구형의 둥지 안에 왕과 여왕의 거처, 새끼개미를 기르는 육아실, 버섯을 재배하는 방, 식량이 가득한 곳간 등 수많은 방이 들어 있다. 이 둥지 안에서 200만 마리의 흰개미가 버섯을 길러 먹고 산다. 이 버섯은 흰개미의 창자 안에 들어가면 나무나 풀을 소화시키는 데 도움을 준다. 흰개미와 버섯은 공생관계를 유지하고 있는 셈이다.

둔덕 안의 둥지는 대개 지표면보다 아래쪽에 자리하기 때문에, 조그마한 곤충들이 힘을 들여 지표면 위로 거대한 탑이 높이 솟아오르는 둔덕을 만든 이유가 궁금하지 않을 수 없다.

둥지 안에서는 흰개미 수만 마리가 엄청난 양의 산소를 소비하여 이산화탄소를 배출하면서 동시에 열을 발생시킨다. 둔덕 안의 버섯과 퇴비 역시 엄청난 양의 이산화탄소와 열을 내뿜는다. 흰개미들이 질식해서 죽지 않을뿐더러 버섯이 제대로 자라나려면 이산화탄소와 열을 둥지 밖으로 내보내야만 한다. 또한 흰개미는 피부가 연약하므로 건조한 기후 조건에서 피부가 마르지 않으려면 습도를 적절하게 유지해야 한다. 요컨대 둥지 안의 공기와 온도를 조절하는 환기 시스템이 절대적으로 요구되는 것이다. 둔덕의 높이 솟은 탑이 그러한 기능을 하는 것으로 밝혀졌다.

탑의 중앙에서부터 꼭대기까지 커다란 굴뚝이 수직으로 쭉 뻗어 있다. 둥지 안에서 발생한 열과 이산화탄소가 뒤섞인 뜨거운 공기가 이 굴뚝을 통해 밖으로 빠져나가면서 둥지 안의 온도는 낮아진다. 한편 둔덕 바깥에서 바람이 불면 찬 공기가 지표면 바로 아래에 있는 다른 관을 통해 둥지 밑의 방으로 들어와서 더운 공기를 위로 밀어올려 바깥으로 나가도록 한다. 흰개미집은 어느 곳, 어떤 기후에서도 온도는 섭씨 27도, 습도는 60퍼센트를 유지한다.

길이가 0.5센티미터에 불과하고 지능은 밑바닥이며 시력도 거의 없다시피 한 곤충들에게 둔덕을 세우는 데 필요한 청사진이 있을 까닭이 없다. 가령 흰개미는 탑의 높이, 다양한 방의 크기, 각종 통로의 위치 등을 알고 있을 리 만무하고, 환기 시스템이 어느 정도 이산화탄소를 배출하고 어느 정도 습도를 유지해야 하는지 알 턱이 없다. 그러나 흰개미들은 서로 협력하여 진흙으로 벽을 만들고 굴을 뚫어서 거대한 구조물을 쌓아올린다. 말하자면 흰개미 군체의 떼지능이 일구어낸 성과인 셈이다.

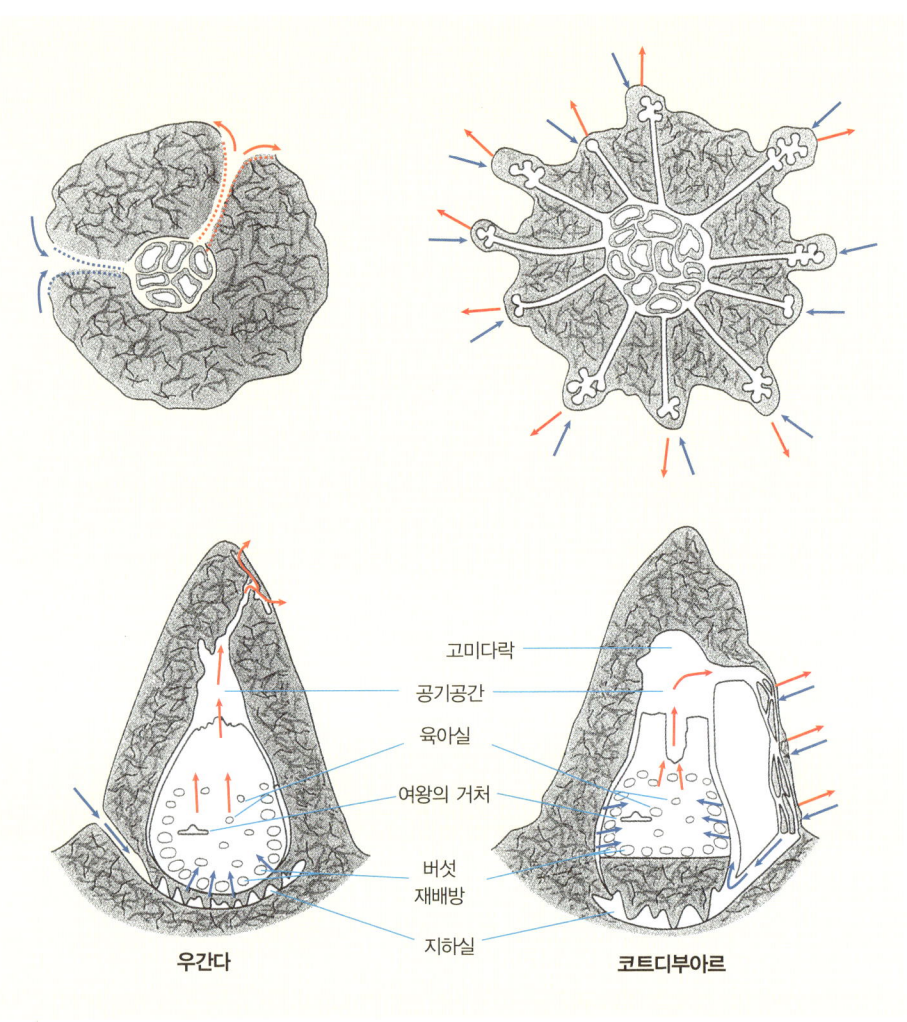

고미다락
공기공간
육아실
여왕의 거처
버섯 재배방
지하실

**우간다**

**코트디부아르**

◆ 흰개미 집단의 둔덕에서 산소가 많은 서늘한 공기(푸른 화살표)는 둥지 밑으로 들어오고, 이 산화탄소가 많은 더운 공기(붉은 화살표)는 굴뚝을 통해 배출된다.

전기를 일절 사용하지 않고도 실내의 공기를 정화하고 온도와 습도를 조절하는 흰개미 둔덕은 환경친화적인 건축을 추구하는 사람들을 매료시키고도 남았다. 남아프리카의 짐바브웨공화국 태생인

◆ 이스트게이트센터

믹 피어스Mick Pearce, 1938~ 는 흰개미 둔덕에서 영감을 얻어 이스트게
이트센터 Eastgate Center 를 설계했다. 1996년 짐바브웨 수도에 건설된
이 건물은 무더운 아프리카 날씨에 냉난방 장치 없이도 쾌적한 상태
가 유지된다.

　이스트게이트센터는 벽돌로 지어진 두 개의 10층짜리 건물로 구

성된다. 낮에는 열을 저장하고 밤에는 밖으로 내보내는 방식으로 실내 온도가 조절된다. 하루가 시작될 즈음 건물 안은 서늘하다. 낮에는 햇볕이 따가운데다가 건물 안의 사무실 근로자와 상점을 찾는 손님들이 내뿜는 열기로 말미암아 건물이 달아오른다. 그러나 이러한 열은 건물 자재에 의해 흡수되고 작은 선풍기들이 서늘한 공기를 방 안으로 불어넣기 때문에 실내 온도는 크게 올라가지 않는다.

저녁 무렵에 바깥 온도가 급격히 낮아지면 두 가지 기능이 작동한다. 먼저 실내의 따뜻한 공기가 건물 위로 올라가서 옥상에 있는 굴뚝 통풍구를 통해 밖으로 배출되고, 커다란 송풍기가 돌기 시작하면서 건물 바닥에 뚫린 구멍을 통해 차가운 밤공기가 건물 안으로 들어온다. 밤에는 찬 공기가 건물 안을 꽉 채우면서 실내 온도는 서늘해진다. 이렇게 해서 건물 바깥 온도가 섭씨 5도에서 33도 사이를 큰 폭으로 오르락내리락하는 동안에도 실내 온도는 섭씨 21~25도로 유지된다.

이스트게이트센터는 전기로 냉난방을 하는 건물에 견주어 에너지 사용량이 10퍼센트에 불과한 것으로 나타났다.

# 대나무집의
# 쓰임새

2000년 독일 하노버에서 개최된 세계엑스포 대회에 대나무로 만든 전시장이 두 개 설치되었다. 하나는 대나무 건축의 대가로 불리는 콜롬비아의 시몬 벨레스Simón Vélez, 1949~ 가 설계한 제리재단의 전시장이고, 다른 하나는 일본의 혁신적인 건축가로 명성이 높은 반 시게루坂茂, 1957~ 가 설계한 일본 전시장이다.

대나무는 속이 비어 있지만 건물 구조용 자재로서 뛰어난 잠재력을 지니고 있는 것으로 밝혀졌다. 우선 내구성과 기능성 측면에서 대나무는 강철과 콘크리트에 견줄 만하다. 벨레스가 설계하여 콜롬비아에 세워진 세계 최대의 대나무 건축물은 지진이 두 차례나 일어났지만 지붕에서 기와 몇 장이 떨어진 것 말고는 별다른 피해가 없을 정도였다. 대나무가 지진을 견뎌냈다기보다는 땅의 움직임을 그대로 따라갔기 때문에 지진의 충격을 이겨낼 수 있었던 것으로 분석된다. 대나무는 지진이 발생할 때 흔들리는 땅과 함께 멋진 춤을 추었다고나 할까.

또한 대나무는 세계 곳곳에서 빠르게 증식하기 때문에 강철이나

◆ 2000년 독일 하노버 세계엑스포대회에서 선보인 제리재단의 전시장(위)과 일본 전시장(아래)

콘크리트보다 훨씬 저렴해서 건축 자재의 수요를 경제적으로 충족 시킬 수 있다. 요컨대 대나무는 강철과 콘크리트를 대체할 수 있으므로 대나무의 아름다움을 살린 매력적인 주택을 얼마든지 건설할 수 있다.

대나무가 가진 건축 자재로서의 뛰어난 특성을 활용하면 개발도 상국이나 지진이 자주 발생하는 지역에서 강철이나 콘크리트를 사용하지 않고 주택 문제를 경제적으로 해결할 가능성이 매우 높다.

# 사막을
# 수풀로 바꾼다

비가 자주 내리지 않아 물이 희귀한 지역에서 생존하는 생물이 물을 저장하는 능력은 집수 설비를 설계하는 건축가들에게 영감을 주고 있다. 나미브사막의 풍뎅이가 아침 안개 속에서 물방울을 만들어내는 것처럼, 건조한 지역에서 신선한 물을 생산하는 기술이 출현했다.

1991년 영국의 발명가인 찰리 파튼Charlie Paton은 시워터그린하우스Seawater Greenhouse, 곧 해수온실 기술을 제안했다. 바닷물, 온실, 태양에너지를 사용해서 신선한 물과 공기를 만들어 바다와 가까운 지역에서 농작물을 재배하는 기술이다.

바닷물을 퍼내서 온실로 보내면, 바닷물은 두 가지 과정을 거쳐 처리된다. 먼저 바닷물이 온실의 앞쪽 벽에 있는 해수 증발 장치로 졸졸 흐르면 온실 안으로 유입되는 공기가 축축하고 서늘해진다. 또한 특수하게 설계된 지붕을 통해 온실 안으로 들어온 햇빛이 바닷물을 증류하여 담수로 만든다. 한편 축축해진 온실 공기의 일부는 밖으로 배출되어 온실 근처에 있는 작물의 성장에 도움을 주기도 한다. 이

◆ 2004년 오만에 세워진 시워터그린하우스(위)와 1년 뒤의 모습(아래)

와 같이 해수온실 기술은 바닷물을 사용해서 농작물의 재배에 알맞은 공기와 물을 만들어내기 때문에 전 지구적인 물 부족 문제를 해결하는 방안으로 여겨지고 있다.

해수온실 기술은 바다 근처의 건조한 지역에 물론 적용된다. 하지만 해수온실의 위치를 선정할 때는 바닷물을 온실로 퍼내는 데 소요되는 에너지 비용을 감안하지 않으면 안 된다. 1992년 아프리카 북서 해안 근처의 카나리아제도에 처음으로 시제품이 설치되어 현실 적합 성이 높은 기술로 판명되었으며, 2000년 아라비아반도 동북부의 아랍 에미리트연방 수도인 아부다비에 두 번째로 설치되어 경제적 타당성 이 확인되었고, 2004년 아라비아 동남단의 토후국인 오만에 세 번째 해수온실이 세워졌다. 2010년에는 호주에도 해수온실이 건조되었다.

해수온실 기술은 환경을 훼손하지 않고 단순한 설비를 사용하여 적은 비용으로 해수를 담수로 바꿔주기 때문에, 물 한 방울 없는 사 막을 푸른 나무가 번성하는 곳으로 바꿔보려는 사람들에게 희망을 안겨주고 있다.

지구 표면의 3분의 1을 차지하는 육지는 사람이 사는 땅 3분의 1, 자꾸 줄어들고 있는 숲 3분의 1, 자꾸 늘어나는 사막 3분의 1로 구성 된다. 특히 지표면의 6퍼센트를 점유하는 열대우림이 급속도로 줄어 들고 있어 인류의 생존을 위협하는 요인으로 부각되었다. 왜냐하면 열대우림은 지구 전체 생물종의 절반 이상이 살고 있을 정도로 놀라 운 생물 다양성을 나타내는 지구의 허파이기 때문이다. 열대우림의 감소를 상쇄하는 방법 중 하나는 사막에 수풀을 조성하는 것이다.

사막에 나무를 심으려는 대표적인 시도는 사하라 녹화 계획Sahara Forest Project이다. 2009년 12월 타당성 검토를 마친 이 녹화 계획은 햇 빛과 바닷물을 활용하여 사막에 식물이 자라나게 하고, 뜨겁고 건조 한 지역에 사는 사람들에게 신선한 물과 먹거리, 환경을 오염시키지 않는 청정에너지를 제공하려는 사업이다.

이 녹화 계획은 두 가지 기술, 곧 햇빛을 이용하는 집광형 태양열 발전CSP과 바닷물을 이용하는 해수온실 기술을 결합했다.

◆ 집광형 태양열발전

　　태양에너지를 활용하는 집광형 태양열발전은 태양전지를 사용하
지 않고 햇빛으로부터 전기를 생산하는 재생에너지의 일종이다. 사
막에 각도 조절이 가능한 반사판(거울)을 설치하고, 이 거울을 이용
하여 태양광을 한 점, 곧 중앙부의 탑 상부에 있는 집열기에 모아서
그 열로 바닷물에서 수증기를 발생시킨다. 이 수증기로 재래식 증기

◆ 사하라 녹화 계획

터빈을 돌려 전기를 발생시킨다. 결국 집광형 태양열발전으로는 햇빛으로 청정에너지를, 해수온실 기술로는 바닷물로 깨끗한 물과 시원한 공기를 만들어내기 때문에, 이 두 가지 기술을 결합하여 사막 한가운데에서 환경을 오염시키지 않는 에너지를 얻고, 깨끗한 물을 만들어내며, 농작물도 재배하고, 수풀이 우거지도록 할 수 있다.

　2010년 초에 시작된 사하라 녹화 계획은 가까운 장래에 사하라사막처럼 생물이 생존하기 힘든 여러 지역에서 대규모로 실현될 것으로 예상된다.

# 생태계를 본뜬
# 생물모방 도시

영국의 도시계획 전문가인 피터 헤드Peter Head는 중국 최초의 생태도시인 동탄東灘과 완주앙方庄을 설계하는 작업에 참여하면서 재닌 베니어스의 《생물모방》을 탐독하고 많은 영감을 얻었다. 이 책의 말미에는 성숙한 생태계에서 유기체가 갖는 특성 열 가지가 나열되어 있다.

① 폐기물을 자원으로 활용한다. 모든 폐기물은 식량이며, 모든 생명체는 결국 다른 생명체의 몸에서 되살아나게 된다.
② 서식지를 최대한 활용하기 위해 다양화하고 협동한다. 성숙한 생태계에서 협동은 경쟁만큼이나 중요하다. 우리 몸의 경우 단세포 동물이 모여 이루어진 거대한 다세포 집합체라 할 수 있다. 곧 우리는 협력의 힘을 보여주는 살아 있는 증거이다.
③ 에너지를 효율적으로 모으고 사용한다. 에너지를 낭비하거나 오용하는 생물은 생태계 밖으로 솎아내진다.
④ 최대화하기보다 최적화한다. 성숙한 생태계에서는 후손의 최대화

◆ 완주앙

에 대한 강조가 최적화에 대한 강조로 전환되어, 자손을 하나나 둘이 확실히 살아남게 한다.

⑤ **물자를 절약한다.** 생물은 기능에 형태를 맞추고, 최소의 물질로 조용히 필요한 것을 정확하게 만들어낸다.

⑥ **보금자리를 오염시키지 않는다.** 생물은 자신의 제조 설비, 곧 서식지에서 먹고 숨 쉬고 자야만 하므로 서식지를 독으로 오염시켜서는 안 된다.

⑦ **자원을 삭감시키지 않는다.** 성숙한 생태계에서 생물은 원금이 아니라 수확할 수 있는 이자로 먹고산다.

⑧ **생물권과 균형을 맞춘다.** 모든 물질 순환은 생물권生物圈 수준에서 일어난다. 생물권은 지구상이나 대기 중에서 생물이 생활하고 있는 장소의 총체를 뜻한다. 대기, 토양, 물 등 지구 표면의 극히 얇은 층이 이에 해당한다. 생물은 주거니 받거니 하는 과정을 통해 생존에 필요한 조건을 유지하고 있다.

⑨ **정보를 활용한다.** 수많은 다른 생물과 연결되어 있고, 그러한 연결에 의존하는 생물은 자신의 의도를 이웃에게 알려야 하고 그들과 상호작용하는 확실한 방법을 발전시켜야 한다.

⑩ **토착 산물을 구매한다.** 우리가 자연을 흉내내고 싶다면 우리의 입맛을 현재 살고 있는 장소에 적응시키고 가능한 한 가까이에서 자원을 얻어야 할 것이다.

베니어스는 유기체가 수십억 년에 걸친 자연선택을 통해서 생존을 위해 터득한 전략으로 이 열 가지를 꼽은 것이다. 유기체의 성공적인 생존을 위한 십계명이라 할 수 있겠다.

피터 헤드는 2050년까지 인류 사회가 산업시대에서 생태시대로 전환되는 과정에서 생물모방이 가장 영향력이 큰 수단 중 하나가 될 것이라고 여기고 있던 터라, 베니어스가 제시한 십계명을 중국의 생태도시 설계에 적용했다.

허베이성河北省에 위치한 완주앙은 전통 가옥과 배나무 과수원을 구경하려고 중국 전역에서 찾아오는 관광객의 발길이 잦은 농촌 지역이다. 이 지역에 환경친화적이면서 경제적으로나 문화적으로 지속 가능한 도시를 건설하려면, 현대식 건물을 짓고 포장된 도로를 만드는 것만이 능사는 아니었다. 또한 신도시 건설로 지역 경제를 활성화시킴과 동시에 농부들이 계속해서 농사를 짓도록 하여 도시 부자와 시골 농부 사이의 빈부 격차를 좁히지 않으면 안 되었다.

따라서 헤드는 도시와 농촌이 유기적으로 결합된 생태도시 계획을 수립했다. 농지의 35퍼센트에만 건물을 올리고 나머지 65퍼센트는 그대로 농사를 짓도록 했으며, 배나무 과수원의 85퍼센트도 그대로 남겨두었다. 새 건물 또한 전통 가옥 부근에 5~6층으로 세우고 마을 대부분은 그대로 보존했다.

헤드는 물론 이 정도의 도시계획으로는 지속 가능한 설계의 조건을 충족시킬 수 없다는 것을 잘 알고 있었다. 그래서 생물모방의 원리를 생태도시 설계에 활용하기 위해 베니어스의 십계명에 관심을 갖게 된 것이다. 가령 '서식지를 최대한 활용하기 위해 다양화하고 협동한다'는 유기체의 두 번째 특징을 도시계획에 반영하여 마구 뻗어나가는 단순 기능의 도시 대신에 주민들이 여가를 손쉽게 즐길 뿐만 아니라 가까운 거리에서 함께 일하며 살 수 있는 복합 기능의 도시를 설계했다. 또 '에너지를 효율적으로 모으고 사용한다'는 유기체의 세 번째 특징은 교통 체계의 설계에 반영되었다. 교통 체계의 이동성을 최대화하는 대신에 접근성을 최적화하는 방향으로 접근했기 때문에 에너지 수요를 80퍼센트까지 줄일 수 있었다. 이처럼 생물모방 원리가 완주앙의 설계에 반영되었기 때문에 '생물모방 도시'라고 불릴 만도 하다.

영국의 건축가인 마이클 폴린Michael Pawlyn은 2011년 9월에 펴낸 저서 《건축 속의 생물모방Biomimicry in Architecture》에서 헤드의 접근방법을 다음과 같이 평가했다.

생물모방은 바야흐로 막이 오른 생태시대에 필요한 융합적 사고를 증진하는 포괄적인 뼈대를 제공한다.

# 참고문헌

## 1부 자연의 지혜를 배운다

### 1장 | 자연을 본뜬 위대한 발명

《신화 속의 과학》, 이인식, 고즈윈, 2011

*Cats' Paws and Catapults*, Steven Vogel, Norton, 1998

*To Engineer Is Human*, Henry Petroski, St. Martin's Press, 1985 / 《인간과 공학 이야기》, 최용준 역, 지호, 1997

### 2장 | 자연중심적인 기술

*On Growth and Form*, D'Arcy Thompson, Cambridge University Press, 1961

*Biomimicry*, Janine Benyus, William Morrow, 1997 / 《생체모방》, 최돈찬·이명희 역, 시스테마, 2010

*Cradle to Cradle*, William McDonough & Michael Braungart, North Point Press, 2002

*Biomimetics*, Yoseph Bar-Cohen, CRC Press, 2005

*The Blue Economy*, Gunter Pauli, Paradigm Publications, 2010 / 《블루이코노미》, 이은주·최무길 역, 가교출판, 2010

*Biomimetics: Nature-Based Innovation*, Yoseph Bar-Cohen, CRC Press, 2011

*Biomimetics-Materials*, Structures and Processes, Petra Gruber, Springer, 2011

Nature's Economy; A History of Ecological Idea, Donald Worster, Cambridge University Press, 1985 /《생태학, 그 열림과 닫힘의 역사》, 강헌·문순홍 역, 아카넷, 2002

The Wealth of Nature: Environmental History and the Ecological Imagination, Donald Worster, Oxford University Press, 1993

Environmental Ethics, Joseph DesJardins, Wadsworth Publishing, 1993 /《환경윤리의 이론과 전망》, 김명식 역, 자작아카데미, 1999

Environmental Ethics, Louis Pojman, Wadsworth Publishing, 2004

## 2부 청색기술이 희망이다

### 1장 | 자연을 본떠 만든 물질

《나노기술이 미래를 바꾼다》, 이인식 엮음, 김영사, 2002

'자연모사공학', 김완두, 《기계저널》(26권 4호), 대한기계학회, 2006

《재미있는 나노과학기술 여행》, 금동화 외, 양문, 2006

《나노기술이 세상을 바꾼다》, 이인식, 고즈윈, 2010

Biomimicry, Janine Benyus, William Morrow, 1997

Wild Solutions, Andrew Beattie & Paul Ehrlich, Yale University Press, 2001 /《자연은 알고 있다》, 이주영 역, 궁리, 2005

Biomimetics, Yoseph Bar-Cohen, CRC Press, 2005

The Gecko's Foot, Peter Forbes, Norton, 2006

Wild Design, Alan Marshall, North Atlantic Books, 2009

Biologically Inspired Textiles, A. Abbott & M. Ellison, CRC Press, 2009

Textile Futures, Bradley Quinn, Berg, 2010

The Blue Economy, Gunter Pauli, Paradigm Publications, 2010

Bulletproof Feathers, Robert Allen, The University of Chicago Press, 2010 /《바이오미메틱스》, 공민희 역, 시그마북스, 2011

Biomimicry, Dora Lee, Kids Can Press, 2011

Biomimetics-Materials, Structures and Processes, Petra Gruber, Springer, 2011

*Biomimetics: Nature-Based Innovation*, Yoseph Bar-Cohen, CRC Press, 2011

## 2장 | 생물을 모방하는 로봇
《나는 멋진 로봇 친구가 좋다》, 이인식, 고즈윈, 2009

《나노기술이 세상을 바꾼다》, 이인식, 고즈윈, 2010

*Mind Children*, Hans Moravec, Harvard University Press, 1988 / 《마음의 아이들》, 박우석 역, 김영사, 2011

*Robo sapiens*, Peter Menzel, MIT Press, 2000 / 《로보 사피엔스》, 신상규 역, 김영사, 2002

*Flesh and Machines*, Rodney Brooks, Pantheon Books, 2002 / 《로봇 만들기》, 박우석 역, 바다출판사, 2005

*Biomimetics*, Yoseph Bar-Cohen, CRC Press, 2005

*Biomimetics: Nature-Based Innovation*, Yoseph Bar-Cohen, CRC Press, 2011

*Biologically Inspired Robotics*, Yunhui Liu & Dong Sun, CRC Press, 2011

## 3장 | 인체 부품을 보완한다
《미래는 어떻게 존재하는가》, 이인식, 민음사, 1995

《기술의 대융합》, 이인식 기획, 고즈윈, 2010

'이인식의 지식융합 파일', 이인식, 《월간조선》(2010년 2월호)

*Biomimetics*, Yoseph Bar-Cohen, CRC Press, 2005

*The Blue Economy*, Gunter Pauli, Paradigm Publications, 2010

*Beyond Boundaries*, Miguel Nicolelis, Times Books, 2011

*Biomimetics: Nature-Based Innovation*, Yoseph Bar-Cohen, CRC Press, 2011

*Biomimetics-Materials, Structures and Processes*, Petra Gruber, Springer, 2011

*Physics of the Future*, Michio Kaku, Doubleday, 2011

## 4장 | 인공생명
《사람과 컴퓨터》, 이인식, 까치글방, 1992

《미래는 어떻게 존재하는가》, 이인식, 민음사, 1995

《지식의 대융합》, 이인식, 고즈윈, 2008

*Erewhon*, Samuel Butler, Penguin Books, 1970

*The Blind Watchmaker*, Richard Dawkins, Norton, 1986 / 《눈먼 시계공》, 과학세대 역, 민음사, 1994

*Artificial Life*, Steven Levy, Pantheon Books, 1992 / 《인공생명》, 김동광 역, 사민서각, 1995

*The Garden in the Machine*, Claus Emmeche, Princeton University Press, 1994 / 《기계 속의 생명》, 오은아 역, 이제이북스, 2004

*Artificial Life*, Christopher Langton, MIT Press, 1995

*The Philosophy of Artificial Life*, Margaret Boden, Oxford University Press, 1996

*Darwin among the Machines*, George Dyson, Perseus Books, 1997

*Digital Biology*, Peter Bentley, Simon & Schuster, 2001 / 《디지털 생물학》, 김한영 역, 김영사, 2003

*Biomimetics*, Yoseph Bar-Cohen, CRC Press, 2005

*Handbook of Bioinspired Algorithms and Applications*, Stephan Olariu & Albert Zomaya, CRC Press, 2005

*Artificial Life X*, Luis Mateus Rocha, MIT Press, 2006

*Biomimetics: Nature-Based Innovation*, Yoseph Bar-Cohen, CRC Press, 2011

## 5장 | 집단지능

《촛불, 횃불, 숯불》, 김지하, 이룸, 2009

*Emergence*, Steven Johnson, Scribner, 2001 / 《이머전스》, 김한영 역, 김영사, 2004

*Smart Mobs*, Howard Rheingold, Basic Books, 2002 / 《참여군중》, 이운경 역, 황금가지, 2003

*The Wisdom of Crowds*, James Surowiecki, Doubleday, 2004 / 《대중의 지혜》, 홍대운·이창근 역, 랜덤하우스, 2005

*Herd*, Mark Earls, John Wiley & Sons, 2007 / 《허드》, 강유리 역, 쌤앤파커스, 2009

*We Are Smarter Than Me*, Barry Libert & Jon Spector, Pearson Education, 2008 / 《나보다 똑똑한 우리》, 김정수 역, 럭스미디어, 2010

*Swarm Intelligence*, Eric Bonabeau, Oxford University Press, 1999

*Swarm Creativity*, Peter Gloor, Oxford University Press, 2006

*The Perfect Swarm*, Len Fisher, Basic Books, 2009

*The Smart Swarm*, Peter Miller, Avery, 2010 / 《스마트스웜》, 이한음 역, 김영사, 2010

*You Are Not a Gadget*, Jaron Lanier, Alfred Knopf, 2010 / 《디지털 휴머니즘》, 김상현 역, 에이콘출판사, 2011

*Bulletproof Feathers*, Robert Allen, The Univercity of Chicago Press, 2010

*Biomimetics: Nature-Based Innovation*, Yoseph Bar-Cohen, 2011

## 6장 | 자연에서 배우는 건축

*On Growth and Form*, D'Arcy Thompson, Cambridge University Press, 1961

*The Animal Mind*, James Gould & Carol Gould, Scientific American Library, 1994

*Biomimicry*, Janine Benyus, William Morrow, 1997

*Building with Nature*, Leslie Freudenheim, Gibbs Smith, 2005

*The Gecko's Foot*, Peter Forbes, Norton, 2006

*Wild Design*, Alan Marshall, North Atlantic Books, 2009

*Biomimetics in Architecture*, Petra Gruber, Springer, 2010

*The Smart Swarm*, Peter Miller, Avery, 2010

*The Blue Economy*, Gunter Pauli, Paradigm Publications, 2010

*Biomimicry in Architecture*, Michael Pawlyn, RIBA Publishing, 2011

*Biomimetics-Materials, Structures and Processes*, Petra Gruber, Springer, 2011

# 찾아보기
인명

# 찾아보기

일반용어

# 지은이의 주요 저술 활동

## 칼럼

### 신문 칼럼 연재

《동아일보》 이인식의 과학생각(99. 10~01. 12) : 58회(격주)

《한겨레》 이인식의 과학나라(01. 5~04. 4) : 151회(매주)

《조선닷컴》 이인식 과학칼럼(04. 2~04. 12) : 21회(격주)

《광주일보》 테마칼럼(04. 11~05. 5) : 7회(월 1회)

《부산일보》 과학칼럼(05. 7~07. 6) : 26회(월 1회)

《조선일보》 아침논단(06. 5~06. 10) : 5회(월 1회)

《조선일보》 이인식의 멋진 과학(07. 3~11. 4) : 199회(매주)

《조선일보》 스포츠 사이언스(10. 7~11. 1) : 7회(월 1회)

### 잡지 칼럼 연재

《월간조선》 이인식 과학칼럼(92. 4~93. 12) : 20회

《과학동아》 이인식 칼럼(94. 1~94. 12) : 12회

《지성과 패기》 이인식 과학글방(95. 3~97. 12) : 17회

《과학동아》 이인식 칼럼 – 성의 과학(96. 9~98. 8) : 24회

《한겨레21》 과학칼럼(97. 12~98. 11) : 12회

《말》 이인식 과학칼럼(98. 1~98. 4) : 4회(연재 중단)

《과학동아》 이인식의 초심리학 특강(99. 1~99. 6) : 6회

《주간동아》 이인식의 21세기 키워드(99. 2~99. 12) : 42회

《시사저널》 이인식의 시사과학(06. 4~07. 1) : 20회(연재 중단)

《월간조선》 이인식의 지식융합파일(09. 9~10. 2) : 5회

《PEN》(일본 산업기술종합연구소) 나노기술 칼럼(11. 7~11. 12) : 6회

## 저서

《아주 특별한 과학 에세이》 출판 기념회(2001. 2. 21)

《미래는 어떻게 존재하는가》, 민음사

《성이란 무엇인가》, 민음사

《아주 특별한 과학 에세이》, 푸른나무
– EBS TV 〈책으로 읽는 세상〉 테마북 선정
《신비동물원》, 김영사
《현대과학의 쟁점》(공저), 김영사
– 간행물윤리위원회 선정 '청소년 권장도서'

《신화상상동물 백과사전》, 생각의 나무
《이인식의 성과학 탐사》, 생각의 나무
– 책으로 따뜻한 세상 만드는 교사들(책따세) 추
  천도서
《이인식의 과학생각》, 생각의 나무
《나노기술이 미래를 바꾼다》(편저), 김영사
– 문화관광부 선정 우수학술도서
– 간행물윤리위원회 선정 '이달의 읽을 만한 책'
《새로운 천년의 과학》(편저), 해나무

제1회 한국공학한림원 해동상 수상(2005. 12. 5)
왼쪽부터 김정식 해동과학문화재단 이사장, 저자 부부, 윤종용 한국공학한림원 회장

《미래과학의 세계로 떠나보자》, 두산동아
– 한우리독서문화운동본부 선정도서
– 간행물윤리위원회 선정 '청소년 권장도서'
– 산업자원부·한국공학한림원 지원 만화 제작
　　(전 2권)
《미래신문》, 김영사
– EBS TV〈책, 내게로 오다〉테마북 선정
《이인식의 과학나라》, 김영사
《세계를 바꾼 20가지 공학기술》(공제), 생각의 나무

《나는 멋진 로봇친구가 좋다》, 랜덤하우스중앙
– 동아일보 '독서로 논술잡기' 추천도서
– 산업자원부·한국공학한림원 지원 만화 제작
　　(전 4권)
《걸리버 지식 탐험기》, 랜덤하우스중앙
– 책으로 따뜻한 세상 만드는 교사들(책따세)
　　추천도서
– 조선일보 '논술을 돕는 이 한 권의 책' 추천도서
《새로운 인문주의자는 경계를 넘어라》(공제), 고즈윈
– 과학동아 선정 '통합교과 논술대비를 위한
　　추천 과학책'

《미래교양사전》 출판 기념회(2006. 8. 29)
과학기술계 및 언론출판계의 지인들(위)과 광주제일고등학교 8회 동문들(아래)과 함께

| 2006 | 2007 |
| --- | --- |

《미래교양사전》, 갤리온

《유토피아 이야기》, 갤리온

– 제 47회 한국출판문화상(저술부문) 수상

– 중앙일보 선정 올해의 책

– 시사저널 선정 올해의 책

– 동아일보 선정 미래학 도서 20선

– 조선일보 '정시 논술을 돕는 책 15선' 선정도서

– 조선일보 '논술을 돕는 이 한 권의 책' 추천도서

《걸리버 과학 탐험기》, 랜덤하우스 중앙

**제47회 한국출판문화상 수상(2007. 1. 19)**
왼쪽부터 최영락 공공기술연구회 이사장, 최규홍 연세대 교수, 저자, 윤정로 카이스트 교수,
백이호 한국기술사회 전무, 이광형 숭실대 교수

〈이인식의 세계신화여행〉(전2권), 갤리온

〈짝짓기의 심리학〉, 고즈원
  – EBS 라디오 〈작가와의 만남〉 도서
  – 교보문고 '북세미나' 선정도서

〈지식의 대융합〉, 고즈원
  – KBS 1TV 〈일류로 가는 길〉 강연도서
  – 문화체육관광부 우수교양도서
  – KAIST 인문사회과학부 '지식융합' 과목 교재
  – KAIST 영재기업인 교육원 '지식융합' 과목 교재
  – 한국폴리텍대학 융합교육 교재
  – 책따세 월례 기부강좌 도서
  – KTV 파워특강 테마북
  – 한국콘텐츠진흥원 콘텐츠아카데미 교재
  – EBS 라디오 〈대한민국 성공시대〉 테마북
  – 2010 명동연극교실 강연도서

〈미래과학의 세계로 떠나보자〉(개정판), 고즈원

〈나는 멋진 로봇친구가 좋다〉(개정판), 고즈원
  – 책으로 따뜻한 세상 만드는 교사들(책따세)
    추천도서

〈한 권으로 읽는 나노기술의 모든 것〉, 고즈원
  – 고등학교 국어 교과서(금성출판사) 나노기술
    칼럼 수록
  – 대한출판문화협회 선정 청소년 도서
  – 책으로 따뜻한 세상 만드는 교사들(책따세)
    추천도서

〈지식의 대융합〉 출판 기념회 (2008. 11. 5)
과학기술계 중심의 지인들과 함께.

《기술의 대융합》(기획), 고즈윈

  – 문화체육관광부 우수교양도서

  – 한국공학한림원 공동발간도서

  – KAIST 인문사회과학부 '지식융합' 과목 교재

  – KAIST 영재기업인 교육원 '지식융합' 과목 교재

《신화상상동물 백과사전》(전 2권, 개정판), 생각의 나무

《나노기술이 세상을 바꾼다》(개정판), 고즈윈

《신화와 과학이 만나다》(전 2권, 개정판), 생각의 나무

《걸리버 지식 탐험기》(개정판), 고즈윈

《이인식의 멋진 과학》(전 2권), 고즈윈

  – 책으로 따뜻한 세상 만드는 교사들(책따세)
    추천도서

《신화 속의 과학》, 고즈윈

《한국교육 미래 비전》(공저), 학지사

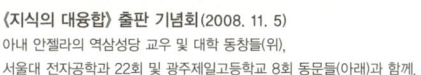

《지식의 대융합》 출판 기념회(2008. 11. 5)
아내 안젤라의 역삼성당 교우 및 대학 동창들(위),
서울대 전자공학과 22회 및 광주제일고등학교 8회 동문들(아래)과 함께.

《인문학자, 과학기술을 탐하다》(기획), 고즈윈
– 한국경제 tv 〈스타북스〉 테마북
《청년 인생 공부》(공제), 열림원
《자연은 위대한 스승이다》, 김영사
《따뜻한 기술》(기획), 고즈윈(7월 출간예정)

《이인식의 멋진 과학》출판 기념회(2011. 12. 19)
과학기술계 중심의 지인들(위)과 학교 동창 및 친지들(아래)과 함께

## 원작 만화

《만화 21세기 키워드》(전 3권), 홍승우 만화, 애니북스(2003~2005)

– 부천만화상 어린이만화상 수상

– 한국출판인회의 선정 '청소년 교양도서'

– 책키북키 선정 추천도서 200선

– 동아일보 '독서로 논술잡기' 추천도서

– 아시아태평양이론물리센터 '과학, 책으로 말하다' 테마북

《미래과학의 세계로 떠나보자》(전 2권), 이정욱 만화, 애니북스(2005~2006)

– 한국공학한림원 공동발간도서

– 과학기술부 인증 우수과학도서

《와! 로봇이다》(전 4권), 김제현 만화, 애니북스(2007~)

– 한국공학한림원 공동발간도서

# 사진 출처

p. 17(왼쪽), 71(위), 90, 100, 141, 154, 156(위), 170, 189, 256, 257
Science Photo library

p. 28 Otto Lilienthal Museum

p. 31, 181, 182, 185, 188, 194, 195 Gettyimages

p. 35 [cc] BY Lars Plougmann

p. 73 Standford University

p. 80, 81 [cc] BY-SA Kuebi

p. 88(왼쪽) [cc] BY Joi

p. 89(왼쪽) [cc] BY Giyu(Velvia)

p. 89(오른쪽) [cc] BY Rafael Brix

p. 94 CC BY Michael L. Baird

p. 96(아래) [cc] BY James Gordon6108

p. 108 http://www.denniskunkel.com/

p. 120(아래) [cc] BY-SA Hannes Grobe

p. 120(위) [cc] BY-SA Gregory Phillips

p. 127(오른쪽) http://www.achimmenges.net/

p. 127(왼쪽) http://steffenreichert.com/

p. 129 Coolwaterphoto

p. 137 [cc] BY Sandstein

p. 142 [cc] BY-SA Morio

p. 143 [cc] BY-SA LSDSL

p. 148 MIT SENSEable City Lab and Personal Robots Group of Media Lab

p. 149, 151, 232 연합포토

p. 162 http://accessscience.com

p. 165 [cc] BY-SA Noah Elhardt

p. 167 Intelligent Autonomous Systems Laboratory

p. 172 전남대학교 로봇연구소

p. 240 [cc] BY artour_a

p. 244 [cc] BY Serg

p. 245 SRI International

p. 252 [cc] BY-SA 2005 Sulfur

p. 254(아래) [cc] BY-SA Rs1421

p. 254(위) Ribapix

p. 271(아래) [cc] BY Raffa be

nature,

the

great mentor